이야기가 있는 인테리어

이야기가 있는 인테리어 집

초판 1쇄 발행 2007년 7월 16일
초판 9쇄 발행 2012년 9월 10일

지은이 권은순
발행인 전재국
본부장 이광자

임프린트 대표 이동은
편집담당 한지윤, 김기남
책임마케팅 노경석, 윤주환, 조안나, 이철주
일러스트 김윤선
사진 김황직, 최명헌, 최연돈 외 까사리빙 자료실

발행처 미호
출판등록 2011년 1월 27일(제321-2011-000023호)

주소 서울특별시 서초구 서초동 사임당로 82 (우편번호 137-879)
전화 편집(02)3487-1141 · 영업(02)2046-2800
팩스 편집(02)3487-1161 · 영업(02)588-0835

ISBN 978-89-527-4939-0 23590

미호는 아름답고 기분 좋은 책을 만드는
(주)시공사의 임프린트입니다.

이야기가 있는 인테리어

집

권은순 지음

미호

Contents

공간에 스타일을 담는다

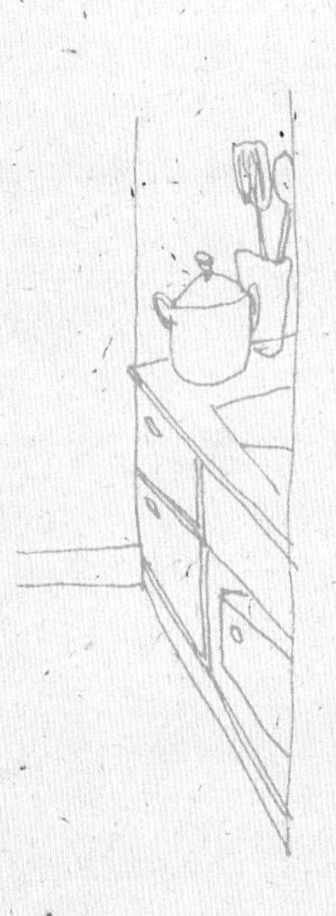

PART 02

인테리어의 시작부터 끝까지

주변 인테리어에 관심을 가져라

prologue

가족의 이야기가 담긴 아름다운 집

누구에게나 지금까지 살아온 집의 이미지가 있을 것이다. 그곳이 아파트건 주택이건, 도시였든 자연과 가까운 곳이었든 간에 말이다. 이처럼 살아온 집의 이미지와 그 집에 담겨 있는 수많은 이야기에는 아름다운 그리움이 담겨 있다.

또한 누구에게나 앞으로 살고 싶은 집의 이미지가 있을 것이다. 여자라면 집의 크기나 컬러, 분위기는 물론이고 거실의 소파, 부부 침실의 전등, 아이 방의 가구에 이르기까지 마음속에 품어 왔고, 머릿속에서 그려왔던 '나의 집', '우리 가족의 집'의 모습을 간직하고 있게 마련이다.

아름다운 집은 화려하게 꾸민 집도 멋진 가구와 신형 전자 제품들이 그득한 집도 아니다. 가족들이 함께 이야기를 나눌 수 있는 공간이 있는 집, 회사와 학교를 마치고 어서 돌아가 머물고 싶게 하는 곳이 바로 세상에서 가장 아름다운 집이다.

집은 단지 멋지게 꾸미는 것만으로는 가치가 없다. 그 속에 살고 있는 사람들의 따뜻한 기운이 느껴지고, 가족들의 이야기가 담겨 있어야 한다. 밤에는 작은 촛불 하나 밝혀두고, 식탁에는 항상 꽃 한 송이 꽂혀 있으며, 늘 정갈하게 정리된 상태로 아름다운 음악이 흐르는 집……. 그리고 무엇보다도 남편이 지친 몸으로 돌아와 편하게 쉴 수 있고, 아이들이 하루하루를 즐겁게 지내며 감성적으로 자랄 수 있는 집. 바로 집은 이런 곳이어야 한다.

사람들마다 중요하게 생각하는 기준이 따로 있겠지만 우리 가족의 경우는 남들과 비교하거나 욕심을 과하게 내지 않고 삶에 만족해하며 살아가는 것이다. 그럼에도 내가 집을 꾸미고 그것을 유지하는 데 많은 돈과 시간을 투자했던 것은 우리 가족이 함께 지내는 공간인 집이 기능적이면서도 아름다웠으면 좋겠다는 바람 때문이었다.

대부분의 사람들이 자신을 치장하거나 신형 자동차를 구입하는 데는 많은 돈을 쓰면서도 살림살이를 사는 일에는 참 인색하다. 대학 졸업 후 패션 디자이너로 일하다 이후 인테리어와 라이프스타일링 관련 일을 하면서 나는 여성들의 구매 형태에 많은 차이가 있음을 느꼈다. 명품 숍의 옷이나 구두와 가방, 액세서리에 망설임 없이 돈을 쓰는 여성들의 모습과 식탁을 새롭게 꾸미기 위해 그릇이라도 하나 살라치면 무척이나 아까워하는 여성들의 모습이 참으로 대조적이었기 때문이다. 나는 우리 가족이 편하고 즐겁게 살기 위한 곳에는 돈을 아끼지 않는 대신 다른 데는 꽤 알뜰한 편이다. 하루 저녁 외식하는 비용으로도 집 안의 변신은 얼마든지 가능하다.

남편은 집에 들어오는 순간, 마음이 편해지고 입가에 웃음이 번진다고 한다. 이처럼 집을 꾸미는 일은 작은 변화라도 큰 즐거움이 되어 행복으로 돌아온다. 물론 이 모든 것이 나 혼자만의 노력으로 되는 일은 아니다. 남편과 아이들의 협조는 더욱 중요하다. 그들이 집의 작은 변화에 관심을 가져주는 것, 그것만으로도 기분 좋은 일이다.

그냥 '집'이라는 것만으로도 편하지 않은가. 내가 하고 싶은 것을 할 수 있는 곳, 내가 좋아하는 공간이 있는 곳, 음악을 즐길 수 있는 곳, 영화를 봐도 좋은 곳, 오래 머물고 싶어지는 곳……. 그런

만약 누군가 나에게
가장 중요한 예술 작품이 무엇이며
가장 원하는 것이 무엇이냐고 묻는다면
나는 아름다운 집이라고 대답할 것이다.
윌리엄 모리스 William Morris

집에서 우리 세 식구는 함께 대화하고 각자의 공간에서 자신만의 취미생활을 즐기며 살아간다. 평범한 회사원으로 음악과 사진 찍기를 좋아하는 내 남편은 집에서 음악을 듣고 사진 작업을 한다. 고등학생인 아들도 집에서 음악을 듣고 기타를 치며 영화를 즐겨 본다. 넓은 평수의 최고급 가구를 갖춘 집이 반드시 행복을 보장하지는 않는다. 외롭기만 하다면 크고 화려한 집이 무슨 소용이 있을까. 작고 소박한 집에서 들려오는 가족들의 정감 어린 대화와 다정한 웃음소리는 집을 살아 숨 쉬게 한다.

가족에 대한 사랑으로 한 가지 한 가지 변화를 시도하는 집에서는 언제나 새로운 분위기와 따스함이 느껴진다. 가족들이 집에서 보내는 시간이 즐거울 수 있도록 아름답고 멋진 집을 꾸며보자. 밖에서 지친 몸과 마음을 편히 쉴 수 있는 '즐거운 우리 집'으로 어서 돌아가고 싶어지도록 말이다.

PART 01

공간에 스타일을 담는다

항상 변함없는 남편을 만나 결혼해 아들 하나를 두고 18년 결혼생활 동안 나는 참 행복하다는 생각을 하며 나의 가정을 꾸려왔다.

돌이켜 보니 우리 세 식구만 한 집에서 함께 산 기간은 7년으로 그리 길지 않았다. 결혼하고 처음 2년은 남편과 단둘이 지내다가 시댁에서 8년 동안 3대가 함께 살았고, 그 후 다시 독립해서 세 식구가 살았다. 어느새 아이가 커 훌쩍 유학을 떠나고 나니 다시 남편과 단둘이 되어 버렸다.

7년이라는 짧은 시간이었지만 우리 세 식구가 집이라는 한 울타리에서 함께 사는 동안 가족을 위해 기울인 나의 노력으로, 남편과 아이에게 가족과 집에 대한 애정은 물론 자부심까지 심어준 것 같아 나름 뿌듯한 마음이 들기도 한다. 내가 우리 집을 아름답게 꾸미고 유지하는 데 정성을 쏟는 것은 작은 변화 하나하나에도 남편과 아이가 즐거워하고 집에서 보내는 시간에 행복해하는 모습 때문이다. 지금도 나는 남들에게 보이는 것보다는 사랑하는 나의 가족이 머무는 집에 가장 많은 투자를 하면서 신경 쓴 것이 참 잘한 일이라고 생각한다.

일반 사람들이 5년이나 7년에 한 번씩 더 좋은 자동차로 바꿀 때, 나는 집에 그만큼의 투자를 아끼지 않았다. "너희 둘이 벌면서 차 좀 바꿔라"는 얘기도 자주 들었지만 그들은 알까? 내가 그 이상으로 가족과 함께 많은 시간을 보내는 나의 집에 투자한다는 사실을.

인테리어의 원칙

*집은 나의 가족들이 함께 사는 곳이다.
가족의 취향과 라이프스타일을 파악하여
모두가 가장 살고 싶은 공간이 어떤 모습인지 생각한다.

**인테리어 콘셉트를 이해하고 스타일의
방향을 정한다. 우왕좌왕하지 않도록
시간을 두고 장기 계획을 세운다.

***완성 이후까지 생각해서 오랜 시간 동안
보존과 유지가 잘 되도록 한다.

****평상시에는 조금 심플하게 꾸미되 가끔 이벤트로
색다른 분위기를 연출한다. 장식이 지나치면
시간이 지날수록 지루하게 느껴진다.

거실에는 따뜻한 이야기가 있다

거실은 가족 모두가 공유하는 공간이며 가족이 한자리에 모이는 집 안의 중심 공간이다. 즉 단순히 손님을 접대하는 응접실 개념이 아니라 가족만의 따뜻함을 느낄 수 있는 곳이 바로 거실이다. 거실은 일명 '마루'로 불리는 곳이기도 하다. 마루가 좌식 개념이었다면 거실은 소파와 테이블이 있는, 입식으로 생활하는 곳이다. 물론 좌식 소파를 사용하기도 하지만 오늘날 우리의 생활 패턴은 입식 스타일로 많이 변해 있다. 그래서 거실 인테리어를 말할 때 거실 가구로 대표되는 소파 얘기를 빼놓을 수가 없다. 소파는 인테리어 공사가 끝나고 거실의 가구 배치를 생각하면서 가

1 모던한 공간에 클래시컬한 암체어로 포인트를 주었다. 창을 제외한 벽면을 패브릭으로 장식한 것도 눈여겨볼 만하다. 2 모던하면서 유니크한 스타일의 디자인이 특징인 샌더슨 호텔의 소파 3 화이트를 강조한 모던과 아르 데코 스타일의 클래식을 매치시킨 거실 공간

장 고민하게 되는 가구다. 어떤 형태와 색상의 소파를 선택하느냐에 따라 거실의 분위기가 완전히 달라지기 때문이다.

나는 거실 가구를 일상적으로 배치하기보다는 공간을 잘 활용해 다양한 연출을 시도하는 영국 디자이너 트리시아 길드 www.designersguild.com의 가구 배치와 필립 스탁www.philippe-starck.com의 스타일을 참고하면서 대체로 모노톤을 주조 색으로 하여 포인트 컬러로 중간색을 매치하는 것을 좋아한다. 또한 기본적으로 3·2·1인용이 세트인 소파는 피하고 보기에 좋고 편안한 소파를 중심으로 디자인과 기능성을 살린 단품을 함께 코디네이션한다. 요즘은 소파와 매치할 수 있는 암체어와 의자 종류들이 많아서 굳이 세트를 고집할 필요가 없다. 소파와 의자를 세트가 아닌 단품으로 구입하여 배치하면 가족이 나란히 앉아 TV에 시선을 빼앗기는 대신 마주 앉아 대화를 나누는 분위기가 자연스럽게 조성되며, 손님이 왔을 때 둘러앉아 서로의 얼굴을 마주 보면서 다정하게 이야기를 나눌 수 있어 좋다.

이처럼 새로운 개념의 거실 가구 배치는 일률적인 세트 디자인에서 벗어나 다양한 스타일을 연출하는 데 그 묘미가 있다. 전체적으로 모던한 느낌의 거실에는 클래식하거나 내추럴한 단품 의자들을 매치하고, 클래식한 느낌의 거실에는 모던함을 포인트로 주는 등 다양한 믹스 앤 매치 스타일도 시도할 수 있다. 이는 우리가 옷을 입을 때 격식을 차린 정장보다 개성 있는 단품을 잘 코디네이션해서 입는 것이 더 스타일리시해 보이는 것과 같다.

2인용 소파에 오토만 두 개,
스타일리시한 작은 의자 두 개 등으로
개성 있게 구성한 거실. 작은 가구나
소품은 반복 사용이 효과적이다.

모던한 거실 공간에
클래시컬한 암체어로 변화를 주면서
스탠드, 액자, 쿠션 등의 무늬를
연결시켜 통일감을 준다.

3인용 소파 세트 대신
2인용 소파에 큼직한
가죽 의자를 놓아 캐주얼하고
모던한 공간으로 연출한다.

나는 지나치게 딱딱해 보이는 직선형 소파보다는 심플하고 모던하며 편안한 느낌의 디자인을 선호한다. 특히 팔걸이 부분이 부드럽게 디자인된 것을 좋아하는데 우리 가족은 일단 소파에 잘 눕는 편이라서 팔걸이가 90도로 꺾인 소파보다는 누웠을 때 목이 편한 디자인을 주로 선택한다.

소파를 정한 다음에는 색상이나 디자인에서 포인트가 되는 암체어와 의자, 오토만(등받이와 팔걸이가 없는 낮은 보조 의자) 등을 선택해 매치하면 거실 분위기를 한껏 살릴 수 있다. 소파는 2~3년 사용하고 말 물건이 아니기 때문에 시간이 지날수록 가구 자체의 맛이 배어나 먼 훗날 빈티지 느낌을 줄 수 있는 소파를 선택하는 편이다. 그리고 소파를 구입할 때는 가능하면 가족이 모두 매장에 함께 가서 직접 앉아보고 편한 스타일로 고르는 것이 좋다. 그래야 가족 모두에게 사랑받는 소파가 될 수 있다.

또한 거실 중앙에 티 테이블을 하나 놓았다 하더라도 암체어 옆에 작은 테이블을 놓거나, 쉽게 옮길 수 있는 작은 테이블을 마련해 필요할 때마다 의자 옆으로 옮겨와 쓸 수 있도록 한 가구 배치는 안주인의 센스를 돋보이게 해준다. 어느 의자에서도 손이 쉽게 닿는 테이블은 손님이 왔을 때 개인 테이블로도 쓸 수 있을 뿐 아니라 나의 경우 여러 가지 작업을 동시에 할 수 있어 좋다.

우리 집의 거실에는 가는 철제로 구성된 둥근 모양의 테이블이 놓여 있다. 오래될수록 그 가치가 더해질 거라는 느낌이 들어 비싼 가격임에도 불구하고 구입했는데, 모양이 원형이라 사각과

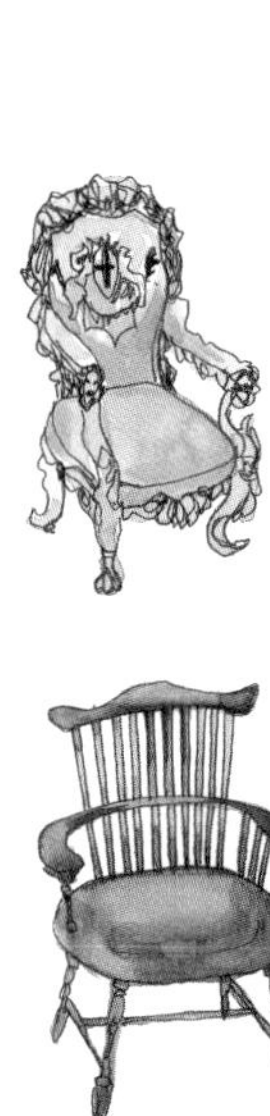
바로크
(1600년대)

루이 15세
(1700년대)

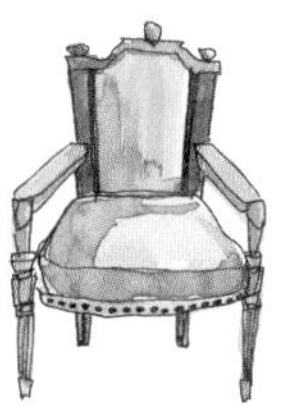
루이 16세
(1700년대)

코로니얼
(1700년대)

조지안
(1700년대)

네오클래식
(1700년대)

빅토리안
(1800년대)

셰이커
(1800~1900년대)

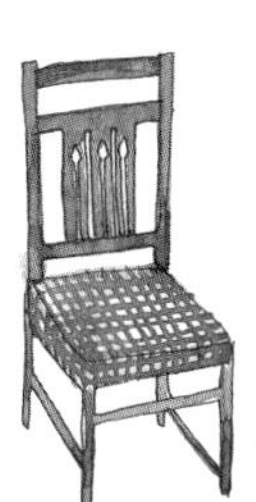
아트 앤 크래프트
(1890~1910)

아르 누보
(1893~1915)

아르 데코
(1918~30)

하리 벨트이어의
다이아몬드 의자
(1950~52)

아르네 야콥센의
개미 의자(1952)

찰스 & 레이 임스의
라운지 의자와
오토만(1956)

올리비에 므르그의
DjinnAG(1963)

4~5인용 소파 세트 대신 보기에도 편안해 보이는 3인용 가죽 소파와
오토만, 암체어를 함께 놓아 디자인과 컬러에 변화를 주면서 전체 조화를 생각했다.

둥근 형태가 어우러지는 우리 집 거실에 잘 어울리는 듯하다.

거실에 까는 러그는 아이보리 색에 두께감이 있는 소재를 택해 주로 가을부터 봄까지 사용하는데 집 전체에 포근한 느낌을 가져다준다. 그리고 여름에는 코스트코에서 저렴하게 구입한 대나무 자리를 러그 대신 사용한다.

공간이 꼭 넓어야만 거실을 멋지게 꾸밀 수 있는 것도 아니고, 좁은 공간이기 때문에 천편일률적인 공간 구성만 가능하다고 생각할 필요도 없다. 좁은 공간은 좁은 대로 분위기를 살려 공간을 연출하는 방법이 있다. 긴 소파 대신, 좌식의 경우 다양하게 놓을 수 있는 방석을 활용하거나, 입식에서는 작은 테이블을 중심으로 등받이가 없는 작은 의자 또는 둥근 의자 여러 개를 놓으면 손님이 많이 와도 큰 문제가 없을 것이다.

거실 크기에 상관없이 적절한 공간 연출로 거실의 변신을 과감하게 시도해 보자. 거실이 바뀌면 집의 분위기가 달라진다.

TV 없는 거실에서 대화와 웃음이 들린다

시부모님과 함께 산 지 8년 만에 우리 세 식구는 독립을 하게 되었다. 결혼 10년 만에 새롭게 신혼생활을 시작한 셈이 된 남편과 나는 큰맘 먹고 지니고 있던 전세 비용에다 융자를 내서 분당에 28평짜리 아파트를 사기로 결정했다.

방 세 개, 거실, 부엌, 화장실 한 개가 딸린 28평 아파트의 인테리어 공사를 시작하기 전 나는 남편과 수차례 그곳을 드나들면서 우리가 이 집에서 어떤 모습으로 살고 싶은지에 대해 많은 이야기를 나누었다. 집은 가족이 함께 생활하는 곳이므로 나 혼자만의 취향을 주장하기보다는 가족 모두의 취향을 고려해서 꾸며야 하기 때문이다. 물론 본격적으로 집을 고치고 꾸미는 일은 가족의 의견을 염두에 두고 내가 주도적으로 진행했다.

나는 28평 아파트를 꾸미면서 이제 아이가 있으므로 남편과 단둘이 살던 신혼 때와는 사뭇 다른 거실을 생각해야 했다. 여러 차례 이야기 끝에 내린 결정 중 가장 큰 변화는 TV를 거실에 두지 않는 것이었다. 남편은 음악을 들을 수 있는 서재 겸 오디오 룸을

지금 사는 아파트에는 기존 TV장을 리폼해 AV장으로 활용하고 있다. 기존 TV장에 검은색 무늬목을 붙인 다음 검정 대리석 상판을 올려 리폼했다. 그리고 상판 아래에 전체 서랍을 짜 넣음으로써 거실의 수납이 한층 넉넉해졌다.

평수가 작은 아파트의 베란다를 터서 긴 테이블을 놓고 차를 마시거나 작업을 할 수 있는 공간으로 활용했다.

원했지만 붙박이장도 넉넉지 않고 오디오 룸을 따로 마련할 방도 없어 우리는 거실에서 TV를 치우고 그 자리에 오디오 시스템을 설치하기로 했다. 대신 TV는 침실에 두고 필요할 때만 보는 것으로 정했다. 마침 아이도 초등학교 3학년이었기 때문에 거실에 TV를 두지 않는 것은 여러모로 좋을 것 같았다. 사실 그동안 시부모님과 함께 살던 집은 TV가 거실에 있어 아이가 TV에 노출되는 시간이 많을 수밖에 없었다. 어느 부모나 아이들이 TV와 멀리하기를 바라지만 항상 거실에 TV가 켜져 있는 상황에서 아이만을 탓할 수는 없는 일이다.

TV가 없어진 거실은 자연스럽게 우리 세 식구가 대화하고 음악을 듣거나 책을 읽는 등 가족이 함께 많은 시간을 보내는 공간이 되었다. 나중에 조금 큰 아파트로 옮겼을 때도 우리 가족에게 TV는 이미 거실 생활의 중심이 아니어서 AV 시스템을 거실에 갖추는 데 무리가 없었다. 아이가 고등학생이 된 지금까지 우리 집 TV는 영화를 보거나 가족 모두가 관심 있는 프로그램을 함께 볼 때만 켜는 습관이 자연스럽게 유지되고 있다.

어둑어둑한 거실에 촛불 하나 밝히고 음악이 흐르는 가운데 오늘 하루 서로 어떻게 보냈는지에 대해 얘기하는 가족의 모습을 상상해 보라. 많은 집들이 TV에 시선을 빼앗기는 시간에 우리는 서로에게 관심을 보이며 대화하는 시간을 갖는다. 아이가 사춘기가 되어 문제가 생기면 부모들, 특히 아빠들은 뒤늦게 자녀와 대화를 시도하지만 그동안 해오지 않던 대화가 갑자기 잘 될 리 없다. 부모와 대화를 안 하려는 아이를 탓하기 전에 평소 대화하는 분위기를 만듦으로써 아이가 자연스럽게 고민을 털어놓을 수 있도록 하는 게 바람직하다.

파티션 하나로 거실의 스타일을 바꾼다

지금 사는 집으로 이사를 하면서 오래된 에어컨 때문에 고민이 많았다. 천장에 에어컨을 넣고 싶었지만 아파트의 천장 높이로는 불가능했다. 그렇다고 갖고 있는 것과 같은 스타일의 스탠드형은 사고 싶지 않았다. 한창 유행인 그림이 있는 에어컨 역시 우리 집 거실에는 어울리지 않았다.

여하튼 거실 한쪽에 떡하니 자리를 차지하고 있는 에어컨은 잘 꾸며놓은 거실의 분위기를 여지없이 망가트리고 있었다. 패브릭으로 덮어씌우는 것도 그다지 내키지 않아 결국 에어컨을 가리는 방법으로 생각해 낸 것이 파티션이었다. 나는 창틀과 같은 블랙 컬러의 나무 소재로 틀을 만들어 봄 · 여름에는 아이보리 색 바탕에 블랙 플라워 패턴이 돋보이는 패브릭 판을 끼워 넣고, 가을 · 겨울에는 조금 더 블랙 톤이 강한 것으로 바꿔 끼워 사용했다. 이렇게 만든 파티션은 에어컨을 가리는 데도 효과적일 뿐 아니라 딱딱해 보일 수 있는 실내 분위기에 여유로운 이미지를 심어주었다.

더욱이 파티션은 집 안 분위기에 따라 다양한 디자인을 시도할 수 있어서 흥미롭다. 화이트 톤이 강한 거실은 내추럴한 나무 재질의 파티션 프레임 안에 밝은 꽃무늬 패브릭을 끼워 넣어 세워 두면 좋다. 테두리를 따로 만들지 않고 전체를 나무 합판으로 만들 경우 페인트를 칠한 다음 그 위에 자연 소재의 그림을 그려 넣거나 전체를 예쁜 무늬의 패브릭으로 씌워도 좋다. 내추럴한 분위기의 거실이라면 좀 더 색다른 느낌으로 만들 수 있다. 나무 프레임에는 옅은 그린 색의 페인트를 칠하고, 그 안쪽으로 패브릭 대신 치킨 와이어를 덧댄 다음 그 위에 실크 플라워 나뭇잎을 모양을 살려 붙여보는 것도 아주 낭만적인 분위기를 연출한다.

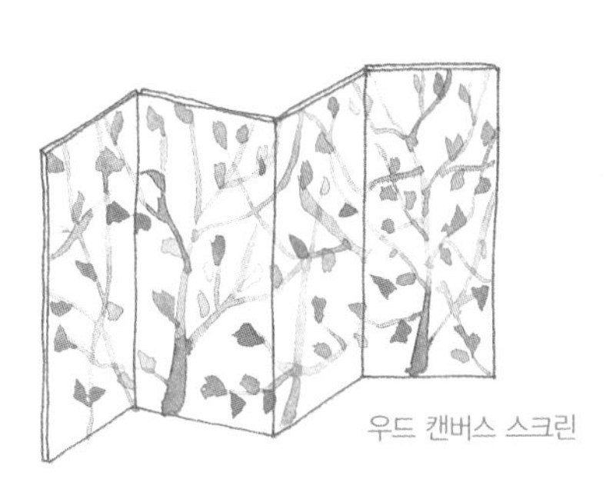
우드 캔버스 스크린

내추럴 우드 스크린

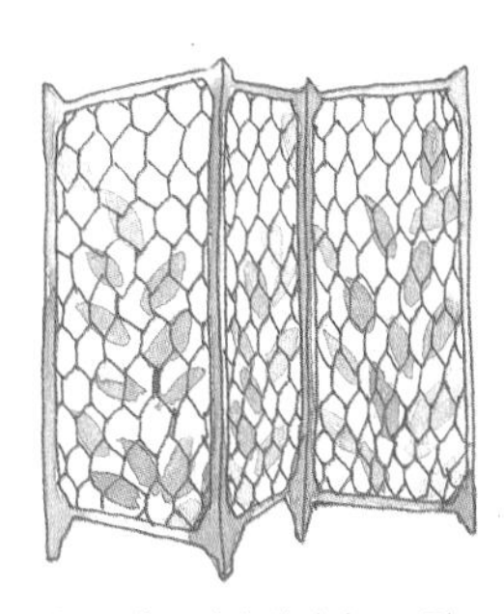
우드 앤드 치킨 와이어 스크린

1 | 2 3

4

1 등나무 재질의 파티션으로 코너를 장식한 샤토 위제 호텔의 객실 **2** 블랙 컬러 패브릭을 이용한 패션 매장의 피팅 룸 **3** 파티션의 역할을 하는 비즈발로 공간 분할 **4** 집의 메인 컬러와 어울리는 나무 소재로 틀을 짜고 그 안에 패브릭 판을 붙여 에어컨 앞에 세워두면 가리는 용도뿐 아니라 파티션 자체가 훌륭한 장식품이 된다.

파티션은 에어컨을 가리는 용도 말고도 쓰임새가 다양하다. 주상복합 아파트와 빌라 중에는 빨래걸이를 설치하거나 놓을 베란다가 없어 거실이나 부엌 쪽에 빨래 건조대를 놓아두는 집이 많다. 얼마 전 리모델링하는 지인으로부터 도와달라는 부탁을 받고 찾아간 집 역시 베란다가 없어 거실과 부엌에 빨래가 널려 있었다. 빨래걸이와 자주 안 쓰는 물건들을 두기 위해 방 하나를 포기할 수도 없는 상황이라 난감했다. 그때도 나는 목공소에서 파티션을 제작해 침대를 놓고도 여유가 있는 방의 한쪽을 가려 그 뒤에 빨래걸이를 놓도록 권했다. 거실에 빨래가 널려 있는 모습은 아무리 정리를 잘 해도 지저분해 보인다.

여러 집들을 다녀보며 안타깝게 생각하는 것 중 또 한 가지는 전기차단기다. 신발장이나 붙박이장 안에 있으면 좋으련만 거실이나 부엌 벽에 떡하니 자리 잡은 것은 고사하고 플라스틱 재질하며 그 안의 '동해물과 백두산' 사진은 그야말로 고급이라고 내세우며 지은 아파트와는 전혀 걸맞지 않다.

우리 아파트도 마찬가지여서 부엌에 있는 그것을 가리기 위해 이런저런 생각을 하다가 결국은 식탁과 같은 나무 소재로 액자를 짠 다음 꽃나무 그림을 그려 넣어 걸었다. 우리 집을 방문했던 어느 누구도 그 액자가 전기차단기를 가리기 위해 걸어놓은 것이라고는 생각하지 못했다.

1 전깃줄에 앉은 새의 모습을 연상시키는 벽지. 콘솔 위의 돌과 새 장식으로 자연의 이미지를 강조하고 있다.
2 파리 프티 물랭 호텔의 침실 벽면. 심플한 침실에 개성이 강한 일러스트로 포인트를 주었다.
3 벽과 선반을 같은 무늬의 벽지로 꾸민 공간
4 실제의 책과 에펠 탑 모양의 스티커로 입체감을 준 벽 장식
5 심플한 전구와 샹들리에 모양의 스티커로 재미있게 연출한 침실 천장
6 전체적으로 하얀 벽에 옐로와 블랙 컬러를 대비시키면서 작은 원의 스티커로 반복 장식한 아트 월

www.ugly-home.com

벽을 작은 갤러리로 만들자

건축적인 측면에서 인테리어 디자인이 끝나고 나면 가장 먼저 고려할 것이 바닥과 벽이다. 바닥은 재료와 색상에서 많은 변화를 주기가 쉽지 않지만 벽은 나만의 개성을 살릴 수 있는 좋은 캔버스가 된다. 새 아파트에 입주할 때 가장 아쉬운 부분도 벽과 그 사이사이에 있는 문의 색상이다. 그것이 맘에 들든 아니든 우리는 완성된 집의 인테리어에 맞추어 가구나 커튼, 쿠션, 침구류 등을 정해야 한다. 왜 업그레이드되었다는 고급 아파트들은 들어와서 사는 사람들의 취향은 무시한 채 하나같이 무거운 분위기의 마감재들을 사용해 장식하는지 모르겠다. 차라리 아무 장식도 하지 말고 흰 벽으로 둔다면 좋을 텐데 말이다.

내가 지금 사는 아파트도 분양받고 나서 완성된 집을 처음 보고 거의 기절할 지경이었다. 거실 한쪽 벽면 전체에 가짜 악어가죽, 그것도 아주 진한 브라운 색으로 이미지 월이 장식되어 있었다. 베드 룸의 옷장 문까지 가짜 악어가죽이었다.

그런 자재는 꽤 큰 평수이면서 나이 지긋한 거주자에게나 어울릴 법한데도 요즘은 건설회사가 모두 고급 운운하며 평수에 상관없이 사용하는 경향이 있다. 문제는 그것이 멋있거나 고급스러워 보이지 않다는 것이다. 그들도 많은 사람들이 이미 장식된 고급 자재들을 뜯어내고 새 아파트인데도 리모델링하는 사실을 잘 알 것이다. 차라리 깔끔히 두고 분양가나 높지 않으면 고마울 텐데 말이다.

어쨌거나 비싼 가격에 분양받았음에도 나는 새 아파트에 입주하면서 벽을 모두 바꿔야만 했다. 꿈에 악어가 나타나 "나! 가짜"라며 달려들 것 같은 생각이 들 정도였으니까. 일단 거실의 벽은 결이 자연스럽게 있어 빛에 따라 조금씩 달라 보이는 흰색 벽지로 바꾸고, 비용 때문에 방문과 창틀까지 바꿀 수가 없어 모두 나뭇결이 있는 블랙 시트지를 붙였다. 기존 무늬목의 색상이 진해서 시트지 선택에 제한이 있었고, 블랙으로 통일하다 보니 원래 의도와 달리 전체적으로 블랙 컬러가 강한 집이 되었다.

벽을 꾸미는 데 벽지만 중요한 것은 아니다. 우리 집의 가장 중요한 거실 한쪽 벽면에는 수년 전부터 취미로 사진을 찍어온 남편의 사진 액자가 장식되어 있다. 그동안 남편이 찍은 사진들 중 서로 잘 어울리는 것을 골라 컴퓨터로 액자 배열을 다양하게 그려본 다음 주문 제작한 것이다.

그리고 다른 쪽 소파 벽면에는 남편이 여행지에서 찍은 사진 중에서 하나를 화가 김홍식 씨에게 부탁해 알루미늄 판화로 제작해서 걸었다. 남편의 사진과 아티스트 후배의 판화 작품이 만난 이 액자는 우리 집의 귀중한 장식품이 되었다. 액자 하나도 이렇게 아이디어를 내어 걸어두니 사진을 볼 때마다 여행 당시의 추억도 생각나곤 해서 더욱 소중하게 느껴진다.

어디를 가나 카메라를 메고 다니며 사진 찍는 게 취미인 남편은 자신이 찍은 친구 가족 사진 정도는 집 안 암실에서 현상해 선물로 주곤 하는데, 친구들 집에 걸려 있는 사진을 볼 때마다 뿌듯

여러 모양의 액자로 벽면을 꾸밀 때는 먼저
밑그림을 그려보는 것이 좋다. 액자를 이리저리
걸어보다 보면 벽지가 손상될 수 있고,
생각만큼 예쁜 디자인이 나오지 않는 경우도 많다.

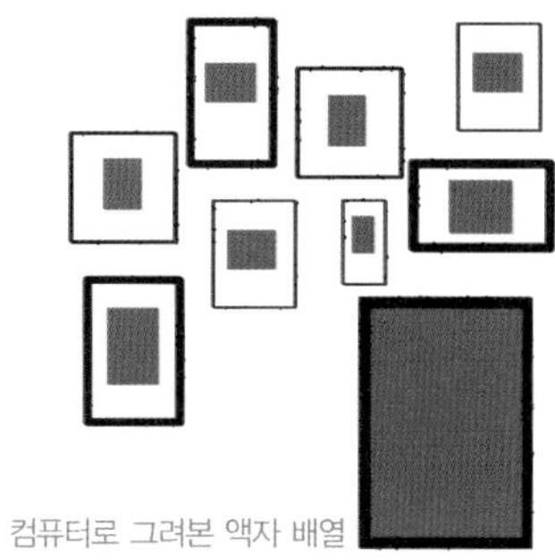

컴퓨터로 그려본 액자 배열

서로 다른 크기의 액자를 벽면 가득 메워 개성 있게 연출한 벽 데코.
액자 데코는 실내 분위기를 좌우하는 중요한 역할을 한다.

하다. 직장생활을 하는 남편에게 이런 취미생활은 삶에 활력소가 되며, 자신이 찍은 사진이 거실 벽면에 근사하게 걸려 있는 것을 보며 자부심 또한 느끼는 듯하다. 남편의 취미생활을 밀어주자. 집 안의 거실은 우리 가족의 당당한 갤러리가 될 수 있다.

그 밖에도 나는 아파트라는 제약은 있지만 아주 소중하고 특별한 벽을 만들고 싶어서 거실은 아니지만 침실 한쪽 벽의 벽지를 떼어내고 페인트칠을 한 뒤 벽 전체를 캔버스 삼아 그림을 그려 넣었다. 이 그림 역시 화가와 디자이너로 활동하는 두 후배가 작업해 주어 더욱 의미가 깊었고, 완성하고 나니 특히 내추럴한 나무 소재 침대와 잘 어울리는 것 같아 상당히 만족스러웠다. 요

침실 벽면에 페인트로 그림을 그리는 작업은 생각보다 손이 많이 갔다. 세 번에 걸쳐 수정하는 큰 공사가 되었지만, 어떤 방보다도 애착이 간다.

즘은 다양한 벽지가 많이 나와 있으므로, 벽지만 잘 고르면 그림 이상으로 좋은 효과를 낼 수 있다. 이때 집 안의 기존 가구와 소품을 그대로 쓸 경우 그에 어울리는 벽지를 고르고, 좀 더 다른 분위기를 내고 싶을 때는 벽지를 바꾼 뒤에 소품 하나라도 그 벽지와 어울리도록 색상을 맞춰야 한다. 그렇지 않으면 벽지가 집 안에서 물 위의 기름처럼 떠 보여 어울리지 않는다.

이미지 월이 유행할 때는 한두 벽 정도를 강렬한 컬러나 무늬의 벽지로 바꾸는 경우를 종종 볼 수 있었다. 이때도 역시 이미지 월에 어울리는 작은 가구나 소품들을 코디네이션하지 않으면 전체 실내 인테리어와 어울리지 않아 안 한 것만 못한 상황이 될 수도 있다.

서로 다른 패턴을 담은 같은 크기의 장식품을 붙임으로써 콘셉트 있는 이미지 월 만들 수 있다.

벽을 꾸미는 또 다른 좋은 방법은 실크 스크린이나 스티커 를 이용해 거실이나 방의 넓은 벽에 부분적으로 포인트를 주는 것이다. 실크 스크린은 전문 업체에 맡길 수도 있으므로 문양만 고르면 쉽게 작업을 마칠 수 있다. 단, 비용이 드는 부담이 있다. 스티커는 시트지의 무늬를 직접 오려 만들 수도 있으며, 간단한 무늬라도 붙이는 방법에 따라 좋은 디자인이 될 수 있다. 이런 방법으로 거실 벽에 포인트를 주면 흔히 볼 수 있는 벽지를 사용한 이미지 월에서 벗어나 특색 있는 공간이 완성된다.

이처럼 벽에 액자를 걸거나 그림을 그려 넣거나 독특한 벽지를 붙이는 등 다양한 방법들을 활용해 같은 아파트, 같은 평수라도 내 집만큼은 세련되고 개성 있는 거실 벽을 만들어보자.

침실이 바뀌면 행복이 커진다

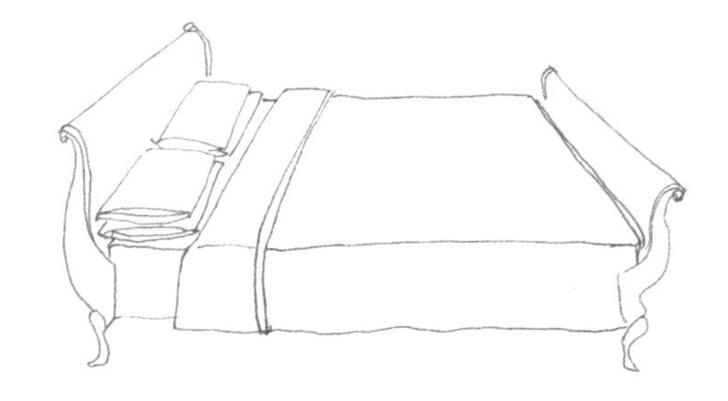

안방은 꼭 가장 넓은 방으로 고집해야 할까? 고정관념에서 벗어나 조금만 융통성을 발휘하면 방을 좀 더 효율적으로 사용할 수 있다.

우리 집에는 남편을 위한 공간이 있다. 바로 오디오 룸과 암실이다. 남편은 이사하면서 꼭 오디오 룸을 갖길 원했고, 어떤 공간이 효율적일지를 곰곰이 생각하다 가장 큰 방인 침실을 남편에게 양보하기로 결정했다.

다른 용도로 큰방이 필요하다면 한번쯤 과감한 시도를 해봄직하다. 작은 침실은 오히려 아늑해서 좋은 면도 있는데 작은방을 침실로 만들다 보면 안쪽으로 열리는 방문이 불편할 때가 있다. 이럴 때는 경첩의 방향을 바꿔 달아 바깥쪽으로 문이 열리도록 하면 문제가 간단히 해결된다. 나는 작은방과 마주 보고 있는 큰 침실, 즉 오디오 룸으로 탈바꿈한 방문 역시 바깥쪽으로 열리도록 경첩을 바꿔 달았다. 이렇게 해서 두 방 모두 공간을 훨씬 넓게 쓸 수 있게 되었다.

오디오 룸에 딸린 베란다는 사진 찍기가 취미인 남편을 위해 암실로 꾸몄다. 이처럼 집 안에 자신이 좋아하는 공간이 있어 취미를 즐길 수 있다면 집으로 빨리 들어가고 싶은 것이 당연하다. 나는 집을 가족이 저마다 취미를 즐길 수 있는 곳으로 만들고 싶었다. 집은 단지 잠만 자는 곳이 아니라 자신의 삶 속에서 의미 있고 편한 공간이어야 하기 때문이다.

인테리어 조언을 부탁받고 새로 이사하는 지인들의 집을 방문하는 경우가 있는데, 간혹 아이들이 큰방을 쓰고 싶다고 얘기하면 대부분의 부모들이 들은 척도 안 한다. 하지만 한번 생각해 볼 만한 경우도 있다. 예를 들어 수납공간이나 베란다가 없어 세 개의 방 중 하나는 드레스 룸이자 여러 가지 수납을 위한 방으로 사용하려고 할 때, 작은방은 동성인 아이 둘이 쓰기에 공간이 충분하지 않다. 이런 경우 부모가 침실에서 생활하는 시간보다 아이들이 방에서 지내는 시간이 훨씬 많으니 큰방을 아이들에게 내주는 것이 훨씬 효율적이다. 작은방에서 답답하게 지내야 하는 아이를 생각하면 쉽게 결정을 내릴 수 있을 것이다.

남편 또는 아이에게 큰방을 내주었다고 서운해할 필요는 없다. 요즘은 다양한 공간 활용을 할 수 있도록 부엌이 감각적인 디자인을 살린 아름다운 공간으로 변하고 있는 추세이며 부엌과 거실을 굳이 구분하지 않기 때문에 큰방이 아니더라도 주부를 위한 공간은 생각 외로 많다.

안방이 꼭 부부 침실일 필요는 없다

음악 마니아인 남편 때문에 AV 시스템과 오디오가 한 세트씩 있지만, 내가 가장 좋아하는 오디오는 우리 집 침실에 있는 아주 작은 사이즈의 오디오다. 클래식과 모던함을 갖춘 디자인 명품 티볼리Tivoli 제품으로 잠자기 전 한 시간 그리고 잠 깰 때 제 역할을 톡톡히 해내는 정말 사랑스러운 애장품이다. 튜너와 CD 플레이어, 스피커로 구성된 이 오디오는 작지만 디자인이 독특해서 하나의 빈티지 소장품으로도 가치가 있다. 굳이 오디오 룸에서 훌륭한 기기로 듣지 않아도 침실에서 듣는 모차르트 음악이면 충분히 행복하다. 그 어떤 곳에서의 음악 감상도 이곳처럼 낭만적이고 마음이 평온해지지 않을 것이다.

신혼 때 살던 20평 아파트는 거실을 겸한 큰방에 침대 하나가 겨우 들어가는 침실뿐이라 남편과 내가 가지고 있던 책을 거실 겸 방에 모두 수납할 수가 없었다. 할 수 없이 침실의 침대 옆쪽 벽면으로 머리가 닿지 않는 높이에서 천장 끝까지 책꽂이를 짜서 모든 책을 수납했다. 그리고 침대 옆에는 아주 작은 사이드 테이

1 자연의 아름다움을 조망할 수 있도록 속이 비치는 패브릭 소재를 사용한 시크한 프로방스 스타일의 침실 공간 2 침대 헤드보드와 벤치, 침구류 등 패브릭 전체의 코디네이션이 세련된 침실 3 자칫 복잡할 수 있는 캐노피를 심플하게 연출하고 전체적으로 스트라이프와 무지를 잘 매치시킨 침실

1 2
3

침실에 작은 라디오 또는 오디오 하나 정도는 갖추어놓자.
아주 낭만적인 침실이 되기도 하고, 활기찬 아침을 만들어주기도 한다.

블을 놓고 그 위에 침대에 편안히 누워 책을 읽을 수 있도록 스탠드를 두었다. 이렇게 벽면 공간을 활용한 책꽂이 하나로 또 다른 분위기의 침실을 연출할 수 있었다.

이외에도 침실의 활용은 무궁무진하다. 거실에 TV를 두지 않을 경우 침실에 DVD 플레이어를 두고 영화를 보는 곳으로 활용할 수도 있다. 영화는 좁은 공간이면 좁은 대로 집중해서 감상할 수 있으니 침실은 더없이 좋은 장소다. 신혼 초에는 침실 한쪽 코너에 문이 달린 장식장을 두어 그 안에 TV를 수납하고 평상시에는 TV가 보이지 않도록 했다.

넓은 집에서 살고 싶은 것은 모두의 소망이지만 좁은 집이라

집 안에서 가장 큰 안방을 과감하게 오디오 룸으로 꾸몄다.
안방을 반드시 부부 침실로 꾸며야 하는 법은 없다.
고정관념에서 벗어나 가족 모두가 만족할 수 있는 공간으로 꾸며보자.
안방은 아이 방 또는 서재, 작은 응접실이 될 수도 있다.

도 공간 활용을 잘 한다면 당장 이룰 수 없는 것에 대한 욕구불만을 해소할 수 있다. 오디오 룸, 독서 룸, 음악 감상 룸 등 상황에 따라 창의적인 아이디어를 생각해 내는 것도 생활을 즐겁게 만드는 작지만 귀중한 경험이 된다. 넓지만 냉랭하기만 한 침실보다는 작아도 아늑한 침실이 더없이 소중한 공간임을 잊지 말자.

침실 분위기는 패브릭이 결정한다

하루 동안 바깥일로 심신이 피곤해도 침대에 누워 부드러운 조명 아래 좋아하는 음악을 들으면 편안해진다. 그렇게 자고 난 다음 날 아침은 또 얼마나 상쾌한지. 그래서 꼭 밤이 아니더라도 몸이 좀 피곤하고 기분이 가라앉을 때는 편안한 침대 위가 그리워지기 마련이다.

이러한 침실의 아늑한 분위기를 한층 살려주는 것은 커튼과 침구류 등 패브릭 세팅이다. 전체적으로 집의 인테리어가 완성되고 나면 가구 선택과 함께 고려해야 할 것이 바로 패브릭이다. 각 공간마다 자신이 원하는 분위기를 먼저 생각한 다음 그에 어울리는 디자인을 하나씩 고르는 것이 순서다.

패브릭 장식은 크게 커튼과 침대에 필요한 침구류로 나눌 수 있다. 거실의 커튼은 주로 소파를 중심으로 한 거실 가구들과 잘 어울려야 하고, 침실의 커튼은 침구류와 매치되어야 하므로 처음부터 함께 계획하는 것이 좋다.

패브릭도 인테리어 디자인과 마찬가지로 이미지 맵을 작성해 보면 실수 없이 좋은 결과를 얻을 수 있다. 가령 그동안 잡지에서 모은 패브릭 사진 중 싫증 나는 것들은 제외하고 색상과 패턴, 디자인 등 앞으로도 계속 좋으리라 생각되는 사진들만 모아 놓는다. 그 다음 현재 꾸미려고 하는 자신의 집 인테리어와 잘 어울리는지를 상상하며 이미지 맵을 만들면 된다(p136 이미지 맵 만들기 참조). 이 과정을 통해 거실은 좀 더 차분한 공간으로, 침실은 아늑하고 로맨틱한 공간으로 마무리되는 효과적인 패브릭 세팅을 완성할 수 있을 것이다.

패브릭은 가을 · 겨울과 봄 · 여름으로 두 세트가 있으면 계절이 바뀔 때마다 새로운 분위기를 낼 수 있어 좋다. 커튼의 경우 속 커튼은 그대로 사용하고 겉 커튼만 바꿔주어도 분위기는 확연히 달라진다.

가끔 먼지가 많이 묻는다는 이유로 커튼을 기피하며 블라인드로 대신하는 사람들을 본다. 그러나 커튼과 블라인드는 많은 차이가 있으며 패브릭의 부드러운 질감만으로도 집 안에 편안한 느낌을 더할 수 있다. 커튼은 단순히 장식만이 아니라 강한 햇빛과 바깥의 시선을 차단하고 소리를 흡수하는 방음의 기능도 있기 때문에 정전기가 일어나지 않는 천연섬유를 쓴다면 먼지 걱정은 하지 않아도 된다. 또 창문을 열어 환기를 자주 하면 패브릭이라 해도 큰 문제가 되지 않는다.

커튼은 창을 통해 빛을 즐길 수 있는 좋은 아이템이다. 나는 먼지 때문에 패브릭 자체에서 느껴지는 포근함과 커튼 사이로 비치는 햇빛, 가리는 면적에 따라서 다르게 연출할 수 있는 실내의 밝기들을 포기하고 싶지는 않다.

전에 살던 집은 허니콤 블라인드를 설치했었는데 이중 블라인드라고 해도 원할 때 햇빛을 완전히 차단할 수 없어 불편할 때가 자주 있었다. 우리 집은 속 커튼과 겉 커튼의 두께가 확연히 차이가 난다. 속 커튼은 창문을 가려도 바깥쪽이 거의 보일 정도로 얇고, 부드럽게 흘러내리는 모습이 우아한 실크 원단을 주로 사용한다. 얇은 원단이라도 질감에 따라 주름져서 흐르는 느낌이 많이 다르기 때문에 색상만큼 질감도 매우 중요하다. 그래서 패브릭은 고급스럽게 흐르는 듯한 질감에 전체 인테리어와 자연스럽게 어울리는 것을 고른다. 이때 무늬가 있는 패브릭은 가능하면 포인트로만 사용한다.

이중 커튼을 한 가장 큰 이유는 때에 따라 다양하게 연출할 수 있기 때문이다. 특히 침실 겉 커튼은 두꺼운 직물로 선택했다. 최소한 잠잘 때는 햇빛의 방해를 받고 싶지 않아 하는 남편 때문이었는데, 자고 난 다음 날 아침, 커튼을 젖힐 때 일순간 환해지는 느낌도 좋다.

도시에 살다 보면 창밖으로 보이는 풍경이 모두가 원하는 광경이 아니기 십상이다. 이럴 때도 커튼은 제 역할을 해낸다. 우리 집은 거실 창밖으로 건물과 조잡한 간판이 보이고 거실 창의 4분의 1만 하늘을 볼 수 있다. 나는 적당히 비치는 리넨으로 주름 없는 블라인드 형태의 커튼을 제작해서 건물이 보이는 창 쪽 커튼은

내가 좋아하는 **커튼 디자인**

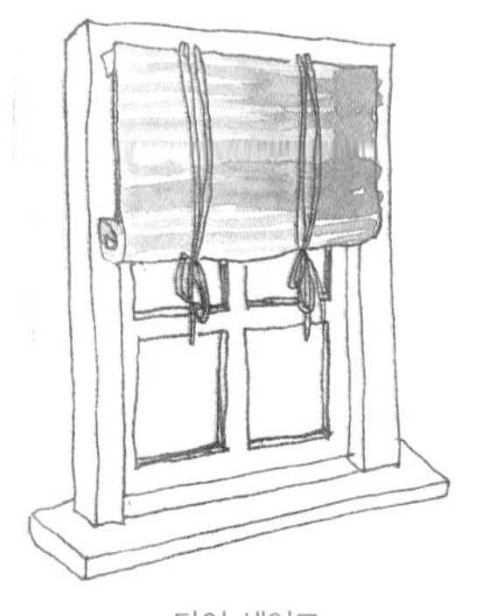

타이 셰이드

로만 셰이드

카페 셰이드

오스트리안 셰이드

벌룬 셰이드

다운 업 셰이드

롤러 셰이드

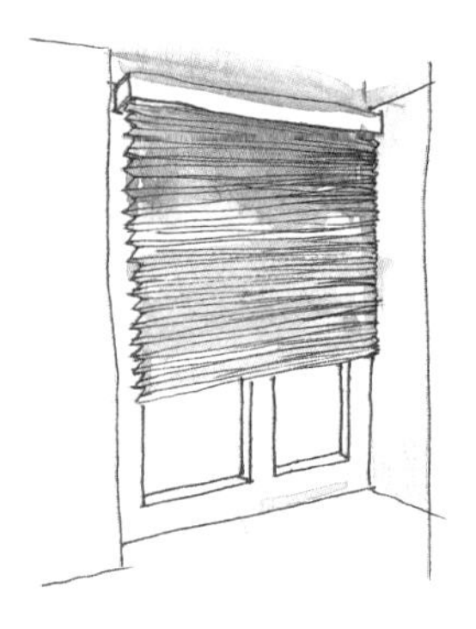

플리티드 셰이드

원 사이드 탭 드레이프리

탭 드레이프리스

탭 타이드 커튼

로드 포켓 드레이프리 커튼

드레이프리스 커튼

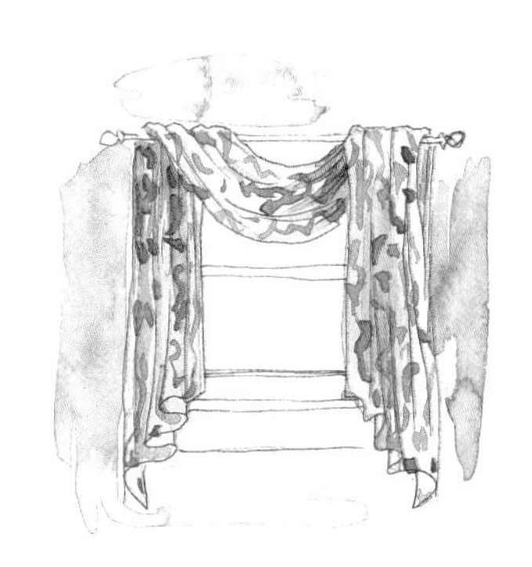
캐스케이드 커튼

크로스오버 커튼

퍼트에어 커튼

3분의 1쯤 내리고, 하늘이 보이는 창은 위쪽 끝까지 올려서 고정시켰다. 이렇게 거실에 앉아서 보이는 바깥 풍경을 생각하며 커튼 디자인을 결정하는 과정도 상당히 흥미롭다.

좀 더 우아하고 포근하게 감싸는 듯한 느낌의 침실을 좋아하는 여성이라면 누구나 한번쯤은 캐노피가 드리워진 침대를 상상해 보았을 것이다. 캐노피도 유행을 타기 때문에 너무 현란한 무늬나 주름이 많은 것보다는 심플한 디자인이 쉽게 싫증이 나지 않는다. 나는 침구류의 색상으로 화이트를 선호한다. 하지만 변화를 주고 싶을 때는 내추럴 베이지나 그레이를 주조 색으로 하고 그린이나 블루, 핑크 색 등을 매치시킨다. 이때도 전체적으로 차분한 느낌에서 크게 벗어나지 않도록 하는 편이다.

패브릭은 커튼과 침구류에만 그치지 않고 실내 데커레이션에서도 중요한 부분을 차지한다. 창문이 없는 제법 넓은 벽 전체를 패브릭으로 장식하는 것도 분위기를 바꾸는 데 아주 효과적이다. 또한 공간을 나누는 데에도 패브릭을 센스 있게 활용한다면 좀 더 스타일리시한 공간이 될 수 있다.

조명으로 공간에 생명력을 넣는다

나는 외국이건 국내건 분위기 좋은 곳을 찾아다니며 자세히 살펴보는 습관이 있다. 이때 항상 느끼는 점이지만 외관으로 봐서는 큰 차이가 없는 것 같아도 조명을 중요하게 생각한 인테리어는 평범한 공간을 아주 특별한 느낌으로 만들어준다.

한쪽 벽을 모노톤의 주름 커튼으로 장식해
아늑함을 강조한 공간

1 침실의 한쪽 벽 전체에 패브릭을 사용한 데커레이션
2 심플한 디자인으로 침대를 장식한 캐노피 침대
3 침대 위에 패브릭 주름을 늘어뜨린 캐노피 장식

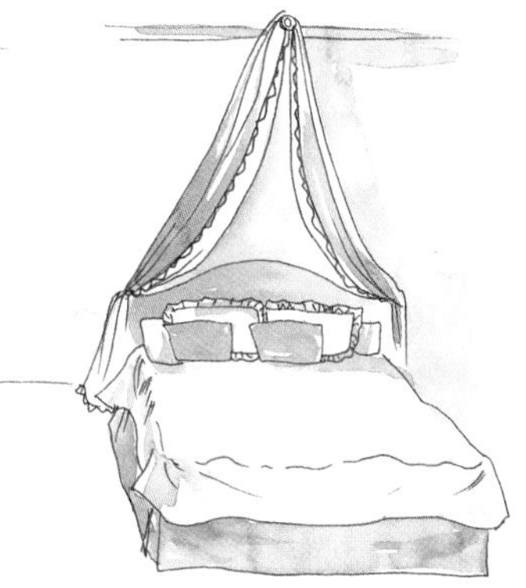

거실 전체를 밝히는 커다란 거실 형광등보다는 소파 자리만 비추는 국부 조명이 한결 아늑한 분위기를 연출한다.

침실에는 은은함을 줄 수 있도록 벽에 설치하는 브래킷1이나 데스크 스탠드2, 테이블 스탠드3를 활용하는 것이 좋다.

인테리어 데커레이션에서 절대 무시할 수 없는 부분이 바로 조명이다. 침실은 낮보다는 주로 밤에 이용하는 공간이다. 그만큼 조명이 없는 침실은 더욱이 상상할 수 없는 일이다. 멋진 패브릭으로 화려하게 꾸며진 침실이라도 조명이 더해지지 않으면 생명력을 가질 수 없다.

특히 간접 조명은 빛을 은은하게 걸러줌으로써 실내 공간을 편안하고 보다 아늑한 분위기로 만들어주는 힘을 지녔다. 침대 옆에 테이블 스탠드 조명이 꼭 필요한 것도 바로 이런 이유에서다.

우리 집 침실에는 의외로 조명이 많다. 메인 조명인 펜던트 라이트 외에도 침대 양쪽 벽에 브래킷을 설치했고, 침대 옆에는 작은 테이블 스탠드까지 있다. 침실이 단순히 잠자는 공간만이 아니다 보니 책을 읽을 때도 있고, 음악 감상을 하거나 영화를 볼 때도 있기 때문에 그때그때마다 다른 조명으로 분위기를 만들어준다. 굳이 이런 다양한 활용을 하지 않더라도 침실 공간만이 갖는 분위기를 위해 부드러운 빛의 간접 조명 하나씩은 침실에 놓아두는 것이 좋다. 부부만의 공간이 훨씬 아늑해진다.

내가 처음부터 조명에 관심이 있던 것은 아니다. 뉴욕에 잠시 머무는 동안 인테리어 디자인 강의 중 조명에 관한 수업을 들은 적이 있는데 이론 수업 외에 유명한 건물이나 호텔, 레스토랑을 다니는 필드 트립(현장 수업)이 포함되어 있었다. 기존의 틀을 깬 다양한 디자인과 역할을 하고 있는 조명들을 직접 보고나니 인테리어를 완성하는 데 조명이 얼마나 중요한 요소인지 다시금 깨닫게 되었다.

모로코에 출장 갔을 때 현지인의 아파트에 초대를 받은 적이 있다. 모로코는 전구가 그대로 드러나는 직접 조명은 실내에서 거의 볼 수 없고, 대부분 전형적인 모로코 장식등과 양초만을 사용하고 있었다. 호텔에서 이미 모로코 특유의 조명을 충분히 느끼고 있던 터였지만 초대받아 간 아파트에서 그 나라 조명의 특징을 더욱 실감할 수 있었다. 역시 조명으로 장식등 몇 개와 양초만 사용하고 있었는데 같이 갔던 일행 모두가 처음엔 너무 어둡다는 느낌이 들어 낯설어했다. 하지만 시간이 흐를수록 어두운 느낌은 사라지고, 아늑한 분위기 속에서 사람들과 어울려 편안하게 대화를 나눌 수 있었다. 모로코의 레스토랑이나 카페들 역시 장식등과 양초로만 조명을 밝히고 있어 많이 어둡긴 하지만 은은한 조명 아래 사물들은 신비한 아름다움을 드러내고 있었다.

생활하는 데나 작업에 필요한 밝기를 만드는 조명은 이렇듯 분위기를 살려주고 액자나 벽 장식, 그 밖의 장식품을 돋보이게 하는 역할을 한다. 빛의 효과는 램프 디자인과 빛의 세기, 빛이 퍼지는 방향, 그것을 놓아두는 장소에 따라 많이 달라지므로 가지고 있는 램프의 전구를 바꿔보고 제자리를 찾아주는 것만으로도 새로운 분위기를 연출할 수 있다.

집 안에 조명을 설치할 때는 공간의 용도와 필요한 가구 배치를 계획한 후 조명을 설치할 장소나 밝기, 기능 등을 먼저 결정해야 한다. 인테리어가 완성된 다음에는 다시 원하는 조명을 설치하

1 똑같은 디자인의 조명을 반복적으로 사용해 운치를 더한 데커레이션 브랜드 DK의 조명 코디네이션 www.dkhome.com **2** 거친 느낌의 벽돌 담 아래 모던한 원형 디자인의 조명으로 시선을 끈 DK의 연출 **3** 넓은 공간을 부분 조명으로 연출하여 요소 요소에 포인트를 준 빌라 피티아나 호텔의 객실 **4** 작은 펜던트를 대칭으로 배치한 허드슨 호텔의 모던한 화장실

기가 어렵고, 인테리어 공사 시 전기 코드 작업을 미리 하지 않으면 조명 기구에 따른 전기선들이 겉으로 많이 드러나 전체 분위기를 해칠 수 있다.

천장 한가운데 실링 라이트가 한 개뿐인 조명은 변화를 줄 수가 없어 실내가 단조로운 분위기로 일관되기 쉽다. 나는 우리 집을 리모델링하면서 우선 생활하는 데 밝은 빛이 필요한 곳만 직접 조명을 설치하고, 그 밖의 공간은 간접 조명을 설치했다. 거실과 오디오 룸, 부엌 식탁뿐 아니라 침실에 원래 있던 실링 라이트는 모두 형광등이었는데 새로 하는 인테리어와는 어울리지 않아 떼어내야만 했다. 각각 원하는 디자인과 조도를 감안해서 새로운 조명으로 설치하고, 장식적인 요소가 강한 곳에는 스포트라이트 효과를 주기 위해 간접 조명을 설치했다. 특히 거실에는 실링 라이트를 없애고 한쪽 벽 전체에 장식된 사진 액자를 비추는 제법 큰 간접 조명을 천장에 비대칭으로 설치해 우리 집의 중요한 공간임을 강조했다.

오디오 룸은 간접 조명을 설치하면서 안락의자 옆에 스탠드를 따로 놓아 책을 읽을 때 사용하고, 밝기 조절 장치를 달아 제일 큰 조명 세 개의 밝기를 자유롭게 조절할 수 있도록 했다.

방의 분위기나 밝기는 공간을 어떤 빛으로 마무리하느냐에 따라 그 이미지가 많이 달라진다. 부드럽고 편안한 방으로 만들고 싶은 경우 바닥과 벽, 천장에 고르게 빛이 퍼지도록 하고, 안정된 분위기를 원할 때는 바닥과 벽에, 방이 넓어 보이기를 원한다면

실링 라이트_천장에 딱 붙게 설치하는 조명으로 방 전체를 밝혀주는 데 쓰인다. 천장에 붙는 조명이므로 대부분 심플한 디자인이다.
펜던트_부분적인 공간에 포인트를 주는 조명이다. 천장에 달아 늘어뜨려 원하는 공간을 비추도록 설치한다.
플로어 스탠드_키가 큰 디자인으로 거실이나 침실 등 넓은 공간에 사용한다. 집 안의 전체 분위기와 조화를 이룰 수 있는 것으로 선택한다.

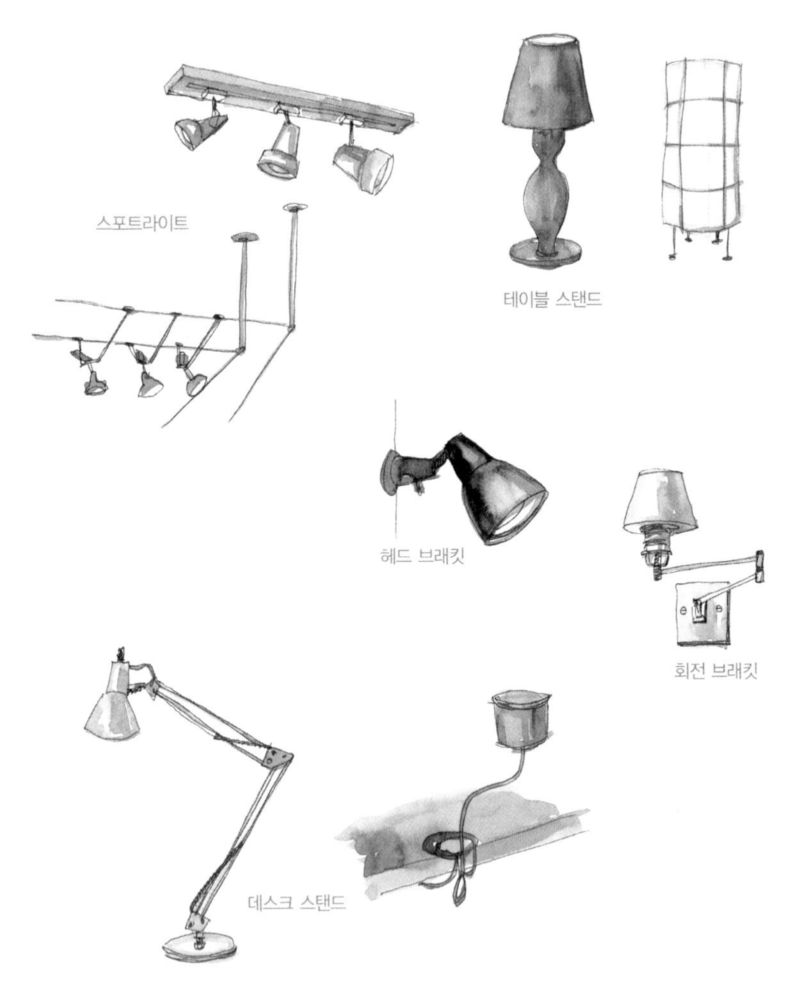

스포트라이트_ 노출식 할로겐 조명으로 벽면의 그림이나 특정한 곳의 물체를 비추는 데 쓰이는 장식 조명이다. 할로겐은 주로 부분적인 조명 효과를 위해 많이 사용한다. 방향과 각도를 자유자재로 조절하며 비추고 싶은 물건에 스포트라이트 효과를 준다.
브래킷_ '벽등'이라고도 불리는 브래킷은 샹들리에 등의 메인 조명 보조 역할을 하거나 벽에 장식적인 효과를 주기 위해 사용한다. 은은한 간접 조명으로 분위기 있는 벽을 연출하기에 좋다.
테이블 스탠드_ 스탠드는 필요한 곳에 놓고 부분 조명과 장식 효과를 동시에 노리는 조명이다. 테이블이나 콘솔, 침대 옆의 사이드 테이블 등에 올려놓고 사용하며 방 분위기를 고려해 선택한다.

천장과 벽에 빛이 향하도록 하면 효과적이다. 공부방이나 부엌 등의 작업 공간에는 한낮의 태양 빛과 같은 형광램프가 적합하고, 심신을 편히 쉴 수 있는 거실이나 침실에는 석양과 같은 붉은빛의 백열램프나 전구형 형광램프가 좋다. 전구형 형광등은 백열등과 비슷한 느낌이지만 백열등이 좀 더 따뜻하다.

그 밖에 조명의 꽃이자 가장 화려한 조명으로 손꼽히는 샹들리에도 공간을 변화시키는 데 활용하기 좋은 조명 아이템이다. 요즘은 샹들리에라고 하면 너무 화려해서 유치해 보인다는 사람들도 있지만 파리의 아테네 플라자 호텔 레스토랑에 장식된 우아하면서도 화려한 샹들리에를 본다면 생각이 달라질 것이다. 샹들리에가 중앙에 위치하면서도 천장에 넓게 펼쳐져 있어 눈길을 사로잡고, 클래식하고 화려한 호텔 인테리어와 어울리면서 장관을 이룬다. 샹들리에를 돋보이게 하기 위해 레스토랑 안의 가구를 심플한 모던 스타일로 배치해 놓은 것도 인상 깊었다. 이곳의 샹들리에를 보고 난 후 나는 클래시컬한 분위기로 포인트를 주고자 할 때면 화려한 샹들리에를 다양하게 변형시켜 달았다.

집 안이 내추럴이나 심플한 모던 스타일이라면,
특정한 한 곳에 샹들리에를 설치해 화려한 분위기를
더해 보는 것도 나름 색다른 즐거움을 준다.

나는 우리 집 침실에도 설치할까 고민했지만 좀 더 눈에 띌 수 있도록 부엌에 샹들리에를 설치했다. 샹들리에는 화려함이 특징이지만 우리 집의 전체 분위기에 어울릴 수 있도록 가장 심플한 디자인으로 골랐다. 처음 구입했을 때 여섯 개의 전구가 각각 40와트짜리였는데 막상 집에 설치하고 나니 매장에서와 달리 너무 밝고 눈부셔 25와트짜리로 교환했지만 이것 역시 밝아 15와트의 불투명으로 갈아 끼운 다음에야 원하던 밝기가 되었다. 이렇게 투명한 유리등을 직접 조명으로 사용하는 경우에는 눈이 부실 수 있으므로 전구의 밝기 선택에 신경 써야 한다.

또한 조명 기구를 고를 때는 빛이 나오는 방향을 잘 생각해야 하며 가능한 한 점등한 상태를 확인해야 한다. 이때 매장에서 느낀 밝기보다 집에서는 좀 더 밝아 보일 수 있으므로 유의하자. 특히 천장이 높지 않은 곳에 설치하는 샹들리에는 밝기 조절 장치를 설치하는 것이 좋다.

1 모던한 공간에 화려함을 더해주는 아테네 플라자 호텔의 클래시컬한 샹들리에 2 아티스틱한 빈티지 공간과 절묘하게 매치된 정통 스타일의 샹들리에

꿈꾸던 부엌을 위해 때로는 고집도 필요하다

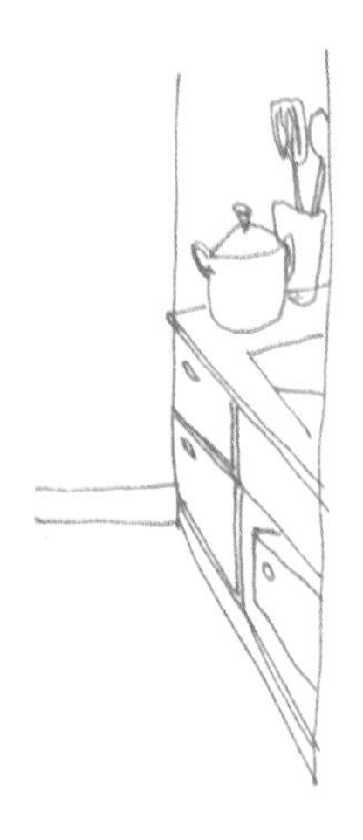

나는 언제나 우리 집 공간에 놓을 수 있는 한 가장 긴 테이블을 간절하게 원했다. 결혼 후 세 차례 집을 리모델링하는 과정에서도 나는 항상 부엌에 긴 직사각형 테이블 놓기를 시도했고, 그 까닭에 새로운 디자인을 감행하기도 했다.

긴 테이블을 가지고 싶은 나의 욕망은 신혼 초부터 시작되었다. 20평 아파트에 흔히 놓는 2인용 정사각형 식탁을 들여놓고 싶지 않아 많은 생각 끝에 가구점에서 긴 테이블을 주문 제작해 싱크대와 마주보도록 놓았다. 효율적인 배치를 시도한 덕분에 좁은 공간을 충분히 활용했던 기억이 난다. 아일랜드라는 것을 알지도 못했던 시절인데 18년 전부터 아일랜드식 테이블을 좁은 공간에 고집했던 것이다.

그 후 28평 아파트를 리모델링할 때도 한 유명 시스템 키친 회사에 내가 원하는 디자인의 부엌 인테리어를 의뢰했다. 처음 시도하는 디자인이라 시공이 불가능할 것 같다고 했지만 결국 내가 원하는 대로 모두 설치했고, 작업이 끝난 후 그 업체에서는 우리 집을 보여주기 위해 고객들과 함께 여러 번 찾아오기도 했다.

이제는 흔한 디자인이 되었지만 당시 내가 디자인한 부엌의 구조는 아주 새로운 것이었다. 우선 공간이 작았기 때문에 냉장고를 부엌에 딸린 베란다로 내보냈고 부엌의 구조를 ㄷ자형으로 만들기 위해 창문 쪽으로 향해 있던 개수대를 주부가 섰을 때 거실을 바라보도록 위치를 바꾸었다. 수도관을 옮기는 데 비용이 좀 들긴 했지만 충분히 투자할 가치가 있다고 판단해 과감히 결정했다. 그리고 그 앞으로는 아주 긴 테이블을 붙였다.

요리와 설거지를 하는 개수대를 거실로 향하게 설치하고 그 앞쪽으로 긴 테이블을 붙여놓았다. 저녁에만 만날 수 있는 가족과 요리를 하면서도 함께 대화를 나눌 수 있도록 디자인한 것이다.

무조건 안 된다는 전문가들의 말에도 나는 포기하지 않았다. 내가 원하는 집, 내가 꿈꾸어왔던 공간을 꼭 만들고 싶었기 때문이었다. 안 된다면 조금 양보하면 되었고, 여러 가지 아이디어를 생각하고 의논한 끝에 마침내 가능할 수 있었다. 고정관념을 가질 필요는 없다. 내가 원하는 공간을 갖기 위해서 때로는 무모하지만 새로운 시도와 용기는 꼭 필요하다.

그렇게 긴 테이블에 대한 나의 집착은 꽤 괜찮은 완성품으로 결실을 맺었고, 그 후 오랫동안 우리 가족과 나의 지인들, 친구들

1 긴 유리 테이블을 싱크대와 마주보도록 배치하여 공간을 최대한 활용한 부엌 2 좁고 긴 테이블을 놓은 프로방스 스타일의 다이닝 룸

전체적으로 모던한 이미지에 거친 파벽돌로 포인트를 주고,
아일랜드 테이블로 기능성을 살린 감각적인 부엌

이 모두 그곳에 모여 식사를 하거나 함께 얘기하는 멋진 공간이 되어주었다.

세 번째로 이사한 아파트는 43평이었다. 요즘 아파트들이 대부분 그렇듯이 모두 뜯어고치기에는 분양가가 너무 비싸서 가능하면 적은 비용을 들여 고쳐야 했기에 무늬목의 싱크대와 수납장 문을 모두 흰색 문으로 교체하고, 아일랜드 테이블의 사이즈를 늘이는 것으로 만족해야 했다.

원래 있던 아일랜드 테이블은 공간에 비해서 짧았기 때문에 답답해 보이고, 크기도 작아 쓸모도 없어 보였다. 그래서 이사할 때 냉장고를 넣고 빼는 데 지장이 없도록 최소한의 공간만 남기고 아일랜드의 상판을 이어 붙였다. 처음에는 모두가 반대했지만 다행히 인조 대리석의 경우 기존 판에 이어서 마감할 수 있다는 사실을 알고 있었기 때문에 이번에도 역시 주장을 굽히지 않고 내 바람대로 만들 수 있었다. 그 사실을 몰랐다면 상판을 모두 뜯어내는 데 비용이 많이 들어 포기했거나, 아니면 비용을 많이 들여서라도 모두 교체했을 것이다.

부엌의 공간을 생각해서 식탁은 좀 작은 것으로 고를까 하다 역시 식탁마저 길고 큰 디자인으로 골랐다. 그러고 나서 아일랜드 테이블에 하이 체어까지 일사천리로 들여놓았다. 원목 식탁과 아일랜드 테이블, 하이 체어는 내가 평소 꿈꾸던 부엌 가구들이었다.

이렇게 만들고 나니 부엌에서의 생활 패턴도 많이 달라졌다.

우리 가족 셋이 간단히 식사할 때는 굳이 원목 식탁에다 차리지 않고 아일랜드 테이블에서 해결하고, 동선도 짧아 음식을 만들고 내놓는 시간이 많이 절약되었다. 특히 출근과 등교로 바쁜 아침 시간에는 더없이 효율적인 공간이 되어주었다.

부엌이 요리만 하는 곳은 아니다

이제 부엌은 단순히 음식을 만들고 식사하는 공간이 아니라 가족이 모여 앉아 대화하고 함께 즐기는 생활 공간으로 탈바꿈하고 있다. 가만히 생각해 보면 우리 집의 많은 중요한 결정들이 우리 가족 셋이 식탁에 모여 앉은 시간에 이루어졌다. 그렇다고 식탁에서 자녀에게 일방적으로 설교하는 것은 금물이다. 대화가 아닌 일방적인 설교는 자칫 불쾌한 분위기를 조성해 식사 시간을 빨리 접게 만들 뿐이다. 우리 부부는 식탁에서 즐겁게 식사하거나 와인 한잔을 하며 아이의 장래와 유학 문제 등에 관해 많은 이야기를 나누었다.

그리고 아이와 함께 식탁에 앉아 책을 읽기도 하고, 부득이 끝마치지 못하고 가져온 회사 일을 밤늦게까지 식탁에 펼쳐놓고 몰두하기도 한다. 친구들이 오면 거실에 앉기보다 이곳에 앉아 얘기를 하는 등 많은 시간을 보낸다.

집의 공간이 허락된다면 정갈하게 정리된 부엌에 긴 테이블을 놓아보자. 친구들이나 손님들을 초대했을 때 굳이 바닥에 앉아야 하는 교자상을 사용하지 않아도 좋으니 여러모로 시도해 봄직하다. 적어도 열 명 정도는 충분히 앉을 수 있어 손님들이 편하게 식사할 수 있고 테이블 장식도 모임의 성격에 맞게 자유롭게 바꿔 볼 수 있다.

데드 스페이스를 살리는 방법

아이가 유학을 떠나고 난 뒤 나는 아이 방의 가구 배치를 바꾸어 나의 작업실로 만들었다. 우선 침대를 창가로 보내고 책장으로 침대와 책상을 분리시켰다. 일하는 분위기로 꾸미고 싶었기 때문에 침대는 가능하면 눈에 띄지 않는 것이 좋았다.

그렇게 가구 배치를 바꾸고 그곳에서 일을 하니 중간에 자리를 뜨거나 손님들이 방문할 때 하던 일을 치우지 않아도 되었다. 그전에는 주로 집에서 할 일이 있으면 다이닝 룸 테이블 위에서 하곤 했는데 일하는 중간에 늘어놓은 것들을 치워야 하는 상황이 생기면 맥이 끊어질 뿐 아니라 다시 시작하려면 시간도 더 걸려 조금은 불편함을 느끼고 있었다.

나는 그나마 테이블이라도 길어서 늘어놓고 일할 수 있었지만 그렇지 않은 많은 주부들은 자기만의 공간을 갖길 원한다. 그곳에서 영수증을 정리하기도 하고, 바느질을 할 수도 있고, 때로는 나만의 자리에서 책을 읽을 수도 있으며, 항상 같은 자리에 내가 쓰는 수첩이 놓여 있는 그런 공간. 주위를 살펴보면 생각지도 않은 곳에서 나만의 공간을 찾을 수 있다. 다이닝 룸의 테이블이 내 책상이 될 수도 있지만 베란다나 침실에 버려진 작은 공간이

1 | 2 / 3

1 침대 끝에 벤치 대신 책상을 놓아 작업 공간으로 활용 **2** 거실이나 침실의 숨은 코너 공간을 활용한 코지 코너 아이디어 **3** 작은 공간이지만 소가구를 이용하여 기능과 감각을 모두 갖춘 아이디어가 돋보인다.

나만의 공간이 될 수도 있다.

여행지의 호텔에서 주로 보는 매시시반 소파 뒤나 침대 끝에 폭이 좁은 작은 테이블과 간단한 의자 하나만 놓아도 좋은 작업 공간이 될 수 있다. 남편에게 서재가 있다면 다이닝 룸이나 침실에 나만의 공간을 꾸며보는 것도 좋지 않을까.

발품을 팔아 찾아낸 부엌 살림살이들

나는 특히 부엌 살림살이에 욕심이 많다. 기능적인 도구들을 갖추고 그것들을 체계적으로 수납해서 쓰는 것이 항상 즐겁다. 이사하고 나서 부엌 살림살이를 정리하고 수납하는 데 가장 많은 시간을 들인 이유이기도 하다. 부엌에서는 특히 항상 손쉽게 필요한 물건들을 찾아 쓸 수 있도록 체계적으로 수납해야 한다. 필요한 것을 찾기 위해 물 묻은 손으로 앞에 가려진 물건들을 치워야 하는 상황이 생기지 않도록 말이다.

나처럼 항상 바쁘게 생활하는 주부들에게는 부엌 살림을 제대로 갖추는 것이 더욱 중요하다. 우리 집 아이가 한때 살이 너무 쪄서 병원에서 검사한 결과 다이어트를 해야 한다는 진단이 나왔다. 아침에 출근 준비로 바쁘다는 이유로 과일이나 채소를 갈아주는 대신 슈퍼에서 파는 주스를 준 것도 살이 찐 원인 중 하나일 것 같았다. 미안한 마음에 다음 날 아침부터 믹서에 과일을 갈아주기 시작했다. 원래 사용하던 보통 사이즈의 믹서에 1인분의 과일을 갈고 씻자니 참 번거롭던 차에 코스트코에서 작은 요리용 믹서를 발견하고 반가운 마음에 구입했다. 그 다음 날부터 똑같은 1인분의 주스를 만들어주고 나서 뒤처리가 어찌나 편하던지……. 도구를 잘 갖추고 쓸 줄 알면 요리 시간을 줄일 수 있고, 그만큼 주부에게는 좀 더 많은 시간이 주어진다. 같은 품목을 또 사는 일은 잘 없지만 이렇게 정확히 용도가 있고 그것으로 시간과 노력이 줄어든다면 나는 꼭 필요한 도구를 사는 데 아낌없이 투자하기도 한다.

전반적으로 모던하고 심플한 스타일에 내추럴한 느낌과 빈티지 스타일이 절묘하게 어우러지는 것을 좋아하는 나는 식탁을 꾸밀 때 기본적으로는 모던한 흰색 도자기를 쓰면서 앤티크하거나 내추럴한 소품을 함께 세팅한다. 어느 벼룩시장에 가도 가장 눈에 많이 들어오는 것이 부엌 소품이다. 물론 가구나 다른 소품들도 많이 있지만 그런 것들은 수시로 사게 되면 공간을 많이 차지하는 반면 작은 부엌 소품들은 자리를 많이 차지하지 않으면서 보기에도 좋고 실용적이므로 여러모로 사랑스럽다.

지금 내가 가지고 있는 부엌 살림들은 구입한 지 10년 이상 된 것들이 많다. 주로 유럽이나 미국에 여행 또는 출장 갔을 때 하나씩 사온 것들이다. 친구들과 모여 와인을 마실 때 안주용 접시로 이용하는 4단 트레이는 모로코에 갔을 때 레스토랑에서 에피타이저를 서빙하는 것을 보고 너무 갖고 싶어 모로코의 마켓을 샅샅이 뒤져 구입했다. 또한 퐁듀를 먹는 도구는 대부분 사이즈가 커서 부담스럽지만, 미국 출장 때 구입한 퐁듀 도구는 작고 심플해서 마음에 쏙 드는 디자인이었다. 알루미늄 재질의 작은 에스프

1	2
3	4
	5

1 퐁듀 세트 **2** 4단 트레이 **3** 소스 볼과 사각 접시 **4** 에스프레소 세트 **5** 티 세트

레소 기계는 피렌체 근처의 산지미냐노라는 마을에 갔을 때 한 상점에서 처음 발견하고 너무 예뻐 발길을 떼지 못했었다. 이렇게 하나씩 구입한 소품들은 사용할 때마다 지난 추억들이 떠올라 더욱 즐겁다. 요즘은 국내에도 디자인이 예쁘고 기능이 좋은 도구들이 다양하게 나와 있어 많이 보고 돌아다니면서 소품을 구입하고 있다. 발품을 팔아 그 속에서 찾아낸 물건들은 그만큼 제 몫을 하는 것 같다.

이렇게 부엌 살림살이를 모으다 보면 그 정확한 명칭과 쓰임새를 하나하나 알아가는 재미도 쏠쏠하다. 나는 코너별 데커레이션이나 테이블 세팅 과정들을 가르치는 커리큘럼을 짤 때 항상 이런 도구들의 명칭과 쓰임새를 알려주는 강의를 넣는데, 전문가든 아니든 우리가 쓰는 소중한 물건들에 대해 잘 알고 애착을 가졌으면 하는 바람에서다.

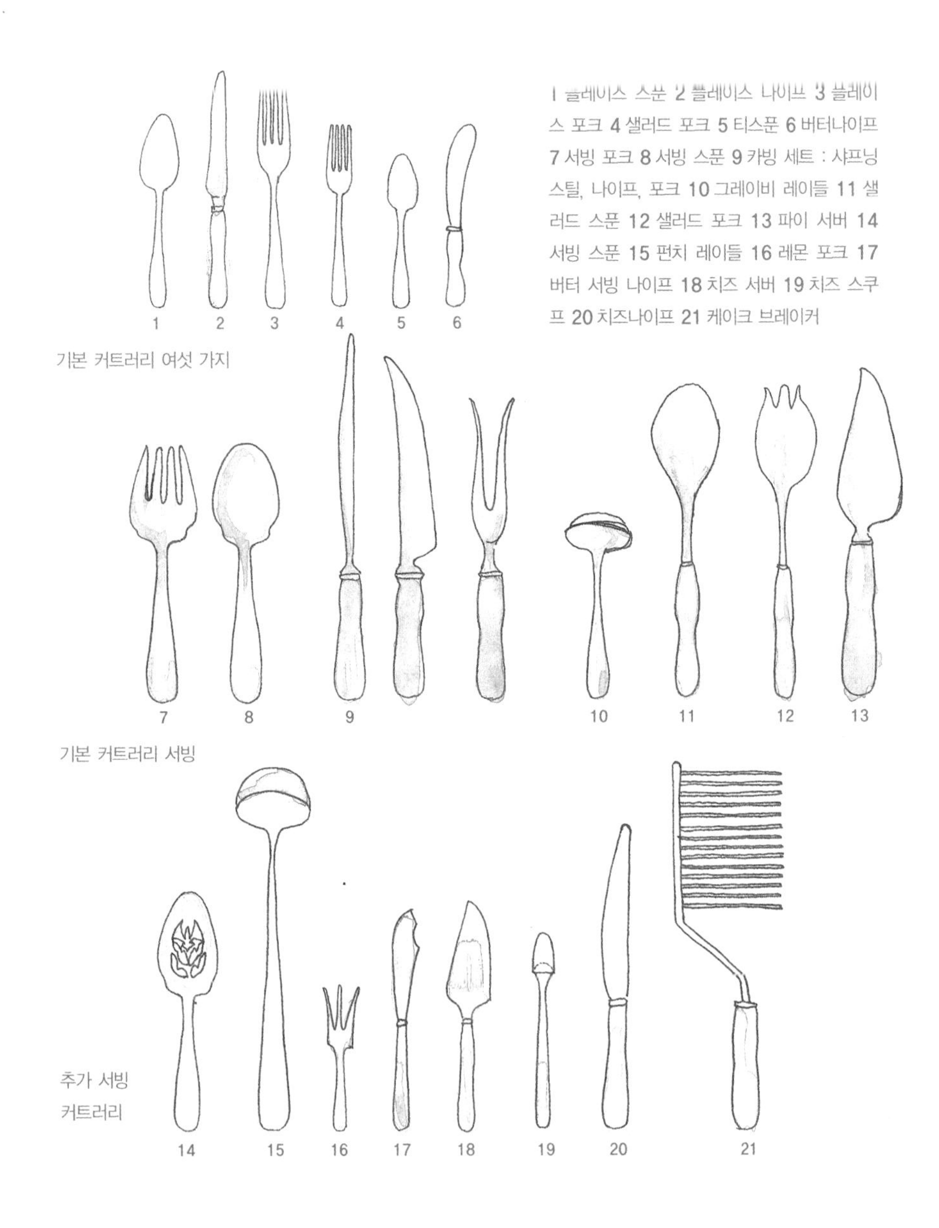

1 플레이스 스푼 2 플레이스 나이프 3 플레이스 포크 4 샐러드 포크 5 티스푼 6 버터나이프 7 서빙 포크 8 서빙 스푼 9 카빙 세트 : 샤프닝 스틸, 나이프, 포크 10 그레이비 레이들 11 샐러드 스푼 12 샐러드 포크 13 파이 서버 14 서빙 스푼 15 펀치 레이들 16 레몬 포크 17 버터 서빙 나이프 18 치즈 서버 19 치즈 스쿠프 20 치즈나이프 21 케이크 브레이커

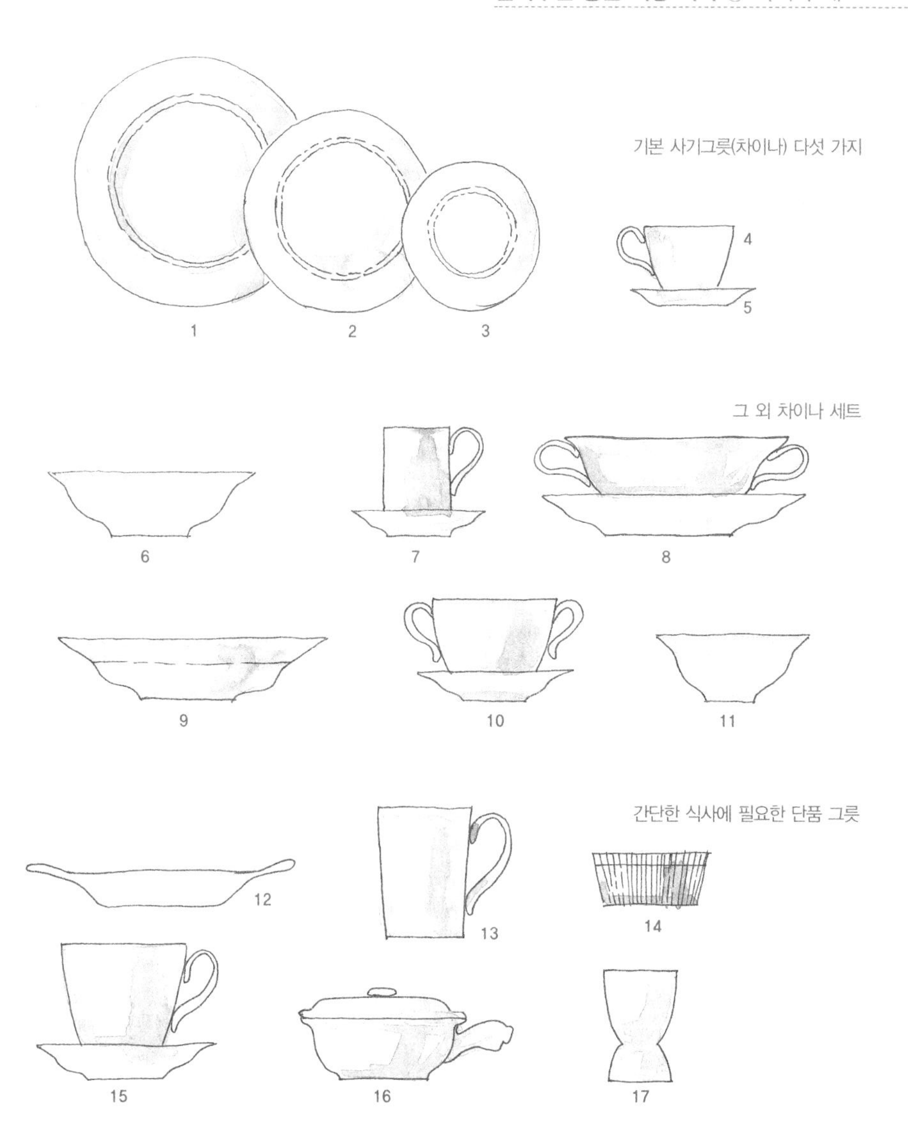

1 디너 플래이트 2 샐러드 플래이트 3 버터 플래이트 4 컵 5 소서 6 보울 7 에스프레소 컵과 소서 8 크림 수프 볼과 접시 9 수프 볼 10 콩소메 컵과 받침 11 스몰 볼 12 램킨 접시 13 머그 컵 14 커스터드 컵 15 라지 컵과 소서 16 캐서롤 17 에그 컵

1 라지 텀블러 2 미디엄 텀블러 3 올드 패션드 글라스 4 주스 글라스 5 스몰 리큐어 글라스 6 라지 리큐어 글라스 7 라지 브랜디 글라스 8 스몰 브랜디 글라스 9 버건디 글라스 10 호크 글라스 11 셰리 글라스 12 스페니시 셰리 글라스

1 워터 고블릿 2 샴페인 글라스 3 레드 와인 글라스 4 화이트 와인 글라스 5 칵테일 글라스 6 칵테일 글라스 7 샴페인 글라스 8 다이키리 글라스 9 필스너 글라스 10 고블릿 글라스 11 클래식 슈타인 12 펀치 글라스

아이 방에 파란 하늘을 선물하자

큰 아파트를 장만해서 이사를 한 후배의 집에 갔을 때다. 후배 부부가 새로 이사한 집에 놓을 가구와 그 밖에 필요한 것들을 골라달라고 부탁해서, 나는 집 안 여기저기를 천천히 둘러보았다. 그런데 큰아들의 방 베란다에 천장에 설치한 빨래 건조대가 있어서 나는 다른 쪽 베란다로 옮기도록 권했다. 아파트가 꽤 컸기 때문에 옮길 수 있는 장소는 충분히 있었다. 이때 "왜요?"라는 후배의 질문에 나는 이렇게 대답했다.

"왜 자기 아들은 매일 아빠, 엄마의 팬티를 봐야 해? 파란 하늘을 바라보게 해주는 게 좋지 않을까?"

언젠가 일러스트레이터이자 건축가인 오영욱 씨가 '위대한 건축가의 작품 밑천은 그가 태어나고 자란 곳의 풍경'이라며 모 신문에 기고한 글을 읽은 적이 있다. 스페인에서 건축 공부를 하는 한국 유학생들은 시작 단계에서는 주목을 받다 설계 최종안을 낼 즈음이면 갈피를 못 잡고 헤매는 반면 스페인 학생들은 별거 아닌 아이디어로 시작하는 것 같아도 최종 단계에서는 그럴싸한 디자인으로 마무리 짓는다고 한다. 그래서 한국 유학생들끼리 내린 결론이 역시 어려서부터 좋은 것들을 많이 보고 자란 사람이 설계도 잘한다는 내용이었다.

여기서 좋은 것이란 역사와 삶의 흔적들이 온전히 남아 있는 환경을 의미한다. 아파트에서만 20년 가까이 살아온 학생들로서는 토양 자체가 다른 유럽의 자연 환경이 부러웠을 것이다. 세계적인 건축가인 가우디도 알고 보면 자신이 태어나고 자란 스페인의 자연 환경에서 영향을 받아 세계적인 건축물을 만들 수 있었다.

어쩔 수 없이 천편일률적으로 지어진 아파트와 그와 별반 다르지 않은 주택에서 살아야 하는 우리지만 제한된 '집'의 공간 속에서 우리 아이들에게 좀 더 창의적인 공간의 기억과 추억을 만들어줄 수는 없을까? 부모 모두가 생각해야 할 문제이기도 하다.

내 아이가 좋아하는 것을 먼저 생각하라

아이 방을 꾸밀 때 꼭 남자 아이는 하늘색, 여자 아이는 핑크색을 사용해야만 할까? 그것도 아이가 커가는 과정과는 상관없이 때로는 귀여움만을 강조한 채 말이다. 그리고 이렇게 남자와 여자의 차이를 어려서부터 심어주어야 하는지도 의문이다. 남자 아이는 좀 더 감성적이고, 여자 아이는 좀 더 진취적이면 성 정체성에 혼란을 겪기라도 하는 걸까?

나는 아이의 방을 무조건 예쁘게 꾸며야 한다고는 생각하지 않는다. 중간색이나 뉴트럴한 톤으로도 얼마든지 사랑스러운 아이 방을 꾸밀 수 있다. 여기에 아이가 좋아하는 장난감이나 소품을 이용해 변화를 주면 다양한 분위기 연출이 가능하다. 아이의 관심사는 수시로 바뀌므로 그때마다 방 안의 장식 포인트를 바꿀 수 있는 엄마의 센스가 필요하다.

우리 집의 아이 방도 아이가 어렸을 때는 다른 집들과 크게 다르지 않았다. 한번은 미국 출장 때 IKEA에서 커다란 실내 텐트와 터널 세트를 사서 힘겹게 가져왔는데 아이는 하루 이틀 놀더니 별로 관심을 갖지 않았다. 엄마들은 자신이 보기에 멋지고 좋은 것은 아이도 좋아할 거라는 착각을 하지만 아이들마다 성향이 다를 뿐 아니라 억지로 좋아하게 할 수도 없다. 우리 아이는 정적인 성향이 강했다. 그런 아이에게 미끄럼틀이나 모험심을 불러일으키는 터널과 텐트 등은 소용이 없었다. 오히려 아이는 활동적으로 놀고 싶을 때는 밖에 나가 자전거를 탔다. 결국 무용지물이 된 커다란 미끄럼틀과 텐트는 한두 번 더 쓰고는 어린아이가 있는 친구네 집에 물

려주고 말았다.

먼저 내 아이의 성향을 객관적으로 파악한다면 아이가 커갈수록 부딪히는 많은 일들에 현명하게 대처할 수 있을 것이다.

아이가 클수록 아이만의 공간을 존중해야 한다

나는 노크도 없이 아이의 방문을 여는 일이 없다. 퇴근해서 집으로 갈 때도 아이가 집에 혼자 있으면 항상 미리 전화해서 집으로 간다는 표시를 한다. 방학 때라 아이가 집에 있는 경우 출근하기 위해 현관문을 나섰다가 뭔가 잊고 나와 다시 집으로 들어가야 할 때도 밖에서 들어간다는 전화를 하곤 한다. 들키기 싫은 것을 몰래 하다가 문소리에 놀라서 급히 치우고 안 한 척하는 상황을 만들고 싶지 않았고, 엄마가 자신을 인정해 주고 믿어준다는 것을 아이에게 알려주고 싶었다.

대학 수험생을 둔 많은 엄마들이 아이들이 공부할 때 방문을 닫지 못하게 하고, 수시로 우유나 과일을 가지고 방으로 들어가는 것도 감시를 하기 위한 하나의 방법이라고 하는데, 뭐든 준비되면 나와서 먹자고 얘기하는 나는 엄마로서 할 일을 안 하는 걸까?

지금도 친하게 지내는 대학 동창들의 아이들은 모두 우리 아이와 같은 학년이다. 한번은 아이들이 공부하느라 한동안 만나지를 못했으니 오랜만에 분위기 좋은 곳에서 아이들과 함께 저녁이라도 먹자는 의견이 모아졌다.

그렇게 네 명의 엄마와 모두 같은 학년인 네 명의 아이들이 모여 이런저런 재미있는 얘기를 나누던 중에 아이가 방에서 공부할 때 엄마들이 감시하는 여러 가지 모습에 대한 얘기가 나왔다. 수험생을 둔 대부분의 엄마들은 방문을 닫지 못하게 하는 경우가 많은데 내 친구들 역시 거실 소파에서 공부하는 아이의 모습이 보여야만 안심이 된다는 것이었다. 신기했던 건, 아이들도 그런 상황을 자연스럽게 받아들인다는 사실이다. 나는 장난삼아 그중에서 학업 성적이 가장 좋은 아이에게 물었다.

"싫으면 그냥 문을 잠그고 하지?"

"네? 제 방문 열쇠 고장 났어요……."

"글쎄, 얘 방문이 이사 올 때부터 고장 나 있더라."

"그리고 방문 닫아도 소용없어요. 제 창문 옆에 김치 냉장고가 있거든요. 저희 엄마 김치 냉장고에 여러 가지 있어서 자주 왔다 갔다 하세요."

"그럼, 커튼을 치면 되잖아?"

"제 방 커튼 레이스예요."

우리 모두 어찌나 재미있게 웃었는지 모른다. 아이가 사춘기가 지나도 자기만의 영역을 보장받지 못하는 것이 현실이긴 하지만 꼭 그래야만 할까라는 의문이 들었다. 그렇게 하지 않는 나는 엄마의 역할을 제대로 하지 않는 것일까? 그러나 분명한 사실은 우리 아이는 내가 그렇게 감시하는 데 많이 불편해할 터이므로 나는 아이를 믿을 수밖에 없었을 것이다.

남편과 나는 우리 아이가 꼭 1등이기를 바라지 않았다. 그보다는 가슴이 따뜻한 사람, 그래서 어떤 상황에서도 긍정적이고 행복할 수 있는 사람이 되기를 바란다.

아이가 중학교 3학년이 되었을 때 전자기타를 갖길 원했다. 전자기타는 연습할 때 소음이 심해서 웬만한 집들은 분란이 많은 편이다. 그러나 나는 아이 방의 베란다에 자그마한 등받이 없는 소파를 하나 들여놓고 거기에 기타와 앰프를 놓고 연습하게 했다. 이렇게 하니 소음이 없었다. 사춘기 시절에 누구나 한번쯤은 하고 싶어 하는 것을 편한 마음으로 하게 해줄 수 있어 참 좋았다.

아이의 방도 오로지 예쁘게만 꾸미려 하지 말고 아이가 원하는 것을 먼저 고려해야 한다. 책을 좋아하는 아이, 장난감을 좋아하는 아이, 음악을 좋아하는 아이, 어떤 아이이건 자신이 좋아하는 것을 할 수 있는 자기 방에 애착을 느낄 것임은 분명하다.

새로운 방이 아이의 창의력을 높인다

수년 전 초등학생인 아들을 위해 아이의 방을 꾸미면서 내가 가장 신경 쓴 것은 책상과 침대 등의 가구 배치였다. 흔히 침대는 벽 쪽에, 책상은 그 옆의 벽을 향해서 배치하지만 나는 책상 배치를 새로운 관점에서 생각했다. 아이가 많은 시간 벽을 향해 있는 것보다는 시야가 답답하지 않게 벽을 등지고 앉을 수 있도록 책상을 배치한 것이다.

지금은 많은 아이 방 가구들이 이런 디자인으로 바뀌는 추세이지만 우리 아이가 어렸을 때는 상당히 새로운 시도였고, 아이도 꽤 만족하는 눈치였다. 새 방을 갖게 된 아이는 뭔가 새로운 것을 해보고자 하는 의지가 보였고, 이런저런 이야기를 하다가 내게 물었다.

"엄마! 뭐 할까?"

사실 나는 이미 마음속으로 생각하는 것이 있었다. 그때가 초등학교 3학년 6월이었으니 아이가 서서히 공부하는 습관을 들였으면 하는 바람이었다. 그래도 그냥 공부를 하라고 강요하면 별로 효과가 없을 것 같았기 때문에 자연스럽게 얘기를 유도했다.

"글쎄……, 뭘 하면 좋겠니?"

아이는 잠깐 고민을 하다가, "엄마가 얘기해 보세요" 하고 나의 의견을 물었다.

"음, 엄마는 네가 아침에 조금 일찍 일어나서 영어 듣기를 했으면 좋겠는데……."

"해볼까?"

"그래, 그럼 한번 해봐. 근데 엄마가 안 깨우고 알람시계를 맞춰놓고 너 스스로 일어나면 좋겠다."

"한번 해보지 뭐."

"그리고 영어 듣기 끝나면 네가 엄마 좀 깨워줘."

"그럴 게요."

그렇게 해서 아이는 다음 날 아침부터 일찍 일어나 영어 카세트테이프를 듣고 어김없이 7시가 되면 안방 문을 두드려 나를

아이의 책상을 벽에 붙이지 않고, 문 쪽을 향해 놓으면 아이의 집중력이 훨씬 높아진다.

깨우기 시작했다. 학원 끝나는 시간이 너무 늦어 계속하기 어려운 중학교 2학년 여름방학 전까지 일요일을 제외하고는 약속을 지켰다. 그리고 이후로도 유학을 가기 직전까지 우리 집의 아침은 아이가 엄마를 깨우는(남들이 들으면 희한하다고 하겠지만) 일이 지속되었다.

다들 적응하기 어렵다는 고등학교 1학년 가을에 유학을 가 별 어려움 없이 서너 달 만에 적응하고 오히려 한 학년을 월반할 수 있었던 것은 아이가 어려서부터 들인 스스로 공부하는 습관이 큰 도움이 되었다.

이처럼 새 방으로 꾸며준 것을 계기로 새로운 도전을 하도록 유도한 것이 아이에게 많은 도움이 되었고, 이후로도 우리 부부는 아이의 생각을 알아내 본인이 스스로 판단해서 결정할 수 있도록 도와주는 것으로 잔소리를 대신한다. 경험상 잔소리는 별 효과가 없다는 것을 너무도 잘 알기 때문이다.

아이가 어느 정도 자기 의견을 갖는 나이가 되면 본인의 방 디자인과 가구 배치 정도는 함께 의견을 나누는 것이 좋다. 나 역시 이사를 하기 전 아이에게 몇 개의 사진을 보여주고 고르도록 했더니 꽤 적극적으로 의견을 제시했고 그렇게 결정해서 꾸민 방에 대해서 좀 더 애착을 갖는 것 같았다.

아이 방에는 책상과 책장, 침대 외에도 옷이나 학교 준비물, 운동용품 등 수납이 필요한 아이 살림들이 상당히 많이 있는 반면에 대부분의 방은 그다지 크지가 않다. 자주 쓰지 않는 용품은 다른 방에 공간을 마련해 수납하고 자주 사용하는 용품들을 중심으로 정돈되도록 신경 쓰는 것이 중요하다.

혼자 쓰는 방이면 크게 어려움이 없겠지만 둘이서 함께 써야 하는 경우에는 공부에 집중할 수 있도록 책상 사이에 책장이나 파티션 등으로 시선을 가려주는 것도 좋다.

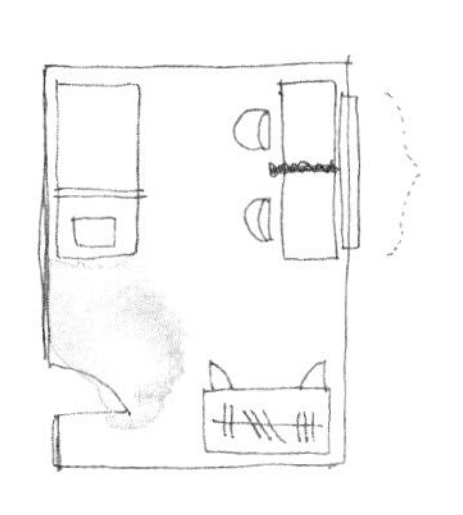

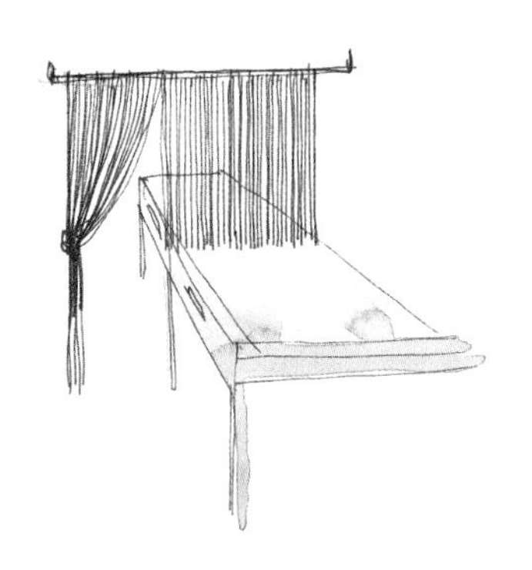

실 커튼을 사용한 책상 파티션

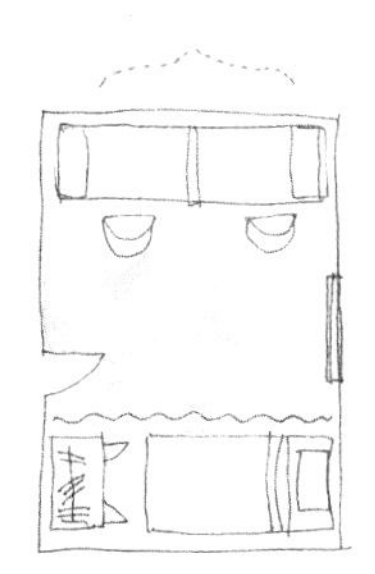

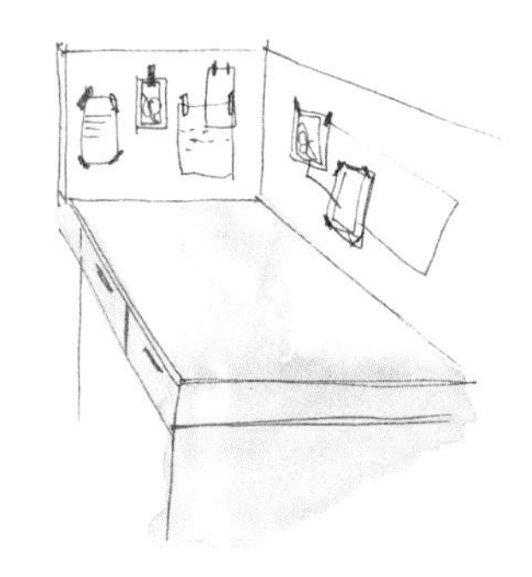

우드 판넬을 사용해
메모판으로 이용한 책상 파티션

공간이 넓은 경우
_ 책장을 이용한 파티션

서재와 베란다를 리모델링하자

혼자만의 시간을 위한 공간, 서재

집 안에서 특히 남자들이 갖고 싶어 하는 공간이 바로 서재다. 우리도 지금의 집으로 이사하면서 서재를 가질 수 있었다. 대신 오디오 룸과 서재를 겸해야 했다. 그렇게 만들어진 서재는 남편이 가장 좋아하는 공간이다. 나는 서재를 꾸밀 때 넘쳐나는 음악 CD와 책을 체계적으로 꽂을 수 있도록 가구 사이즈에 특별히 신경을 썼다. 우선 책장과 CD장, 오디오를 올려놓는 장식장, 책상 등의 크기는 남편이 정하도록 맡겼다. 남편은 적극적으로 많은 아이디어를 냈고, 특히 간격과 크기까지 세세하게 계획해 제작해

남편을 위해 만든 오디오 룸과 서재를 겸한 공간

서인지 설치가 끝나 완벽하게 정리하고 나니 꽤 짜임새가 있었다. 자신의 취미 공간이 생긴 것만으로도 남편은 행복해 보였고, 누구보다 열심히 치우고 정리했다.

우리 집에서는 가장 큰 방이지만 오디오 룸과 서재로 쓰기엔 그리 큰 방도 아니어서 책장 사이에 책상을 넣어 공간을 절약했다. 특히 컴퓨터 본체를 넣은 수납 칸은 문을 달아 보이지 않게 하고 그곳에 홀을 뚫어 코드선을 통과시켰기 때문에 책상 주변이 깔끔하게 정리되었다.

집에 오면 많은 시간을 오디오 룸에서 보내는 남편은 내가 큰 방을 오디오 룸으로 양보하지 않았다면 아마 지금만큼 행복하지 않았을 것이다.

남편들도 혼자만의 시간을 갖고 싶어 한다. 언제나 가족과 함께 있고 싶어 할 거라는 착각에서 나는 일찌감치 깨어났다.

베란다를 정원으로 만들자

우리 가족이 살기에 43평의 거실은 그리 작은 편이 아니라서 굳이 베란다는 트지 않았다. 평수가 넓은 아파트도 베란다를 트는 경우를 자주 보는데 요즘처럼 적은 가족 구성원에 베란다까지 꼭 틀 필요가 있을까 싶다. 작은 정원을 아파트 베란다에 꾸미고 자그마한 테이블과 의자라도 놓아둔다면 집 안에 또 다른 안락한 공간 하나가 생기는 것이다. 그리고 이렇게 마련한 베란다의 휴식 공간은 담배를 피우는 손님을 초대했을 때 할애할 수 있는 공간이 되기도 한다.

일요일이면 차 한 잔 들고 베란다 창가에 앉아 책을 읽고 있는 남편, 가끔은 그곳에서 아버지와 아들이 대화하는 모습을 보면 평화로운 휴식 공간을 마련한 것이 참으로 다행이라는 생각이 든다. 정원이라고 너무 거창하게 생각하지 않아도 된다. 도시에서는 도시대로 즐길 수 있을 만큼 꾸미고 좀 더 많은 욕심은 훗날을 기약하며 마음속에 나만의 정원을 가꿔보자.

바다와 강과 호수를 좋아하는 나는 베란다에서 누릴 수 있는 호사스러움으로 실내 분수를 시도했다. 우선 분수 모터를 파는 곳에 찾아가서 집에서 간단하게 작동할 수 있는 모터를 구입하고, 넓은 볼 모양의 화기를 구해 그 안에 돌을 담고 모터를 돌 사이에 숨겼다. 그리고 꽃잎 몇 개 띄워서 모터를 켜니 모네의 집에 있는

실내에서 자연을 접할 수 있도록 유리 천장에 드리운
그린 데커레이션이 돋보이는 허드슨 호텔 펜트하우스의 거실 공간

호수가 부럽지 않았다.

실내에 정원을 너무 욕심내서 꾸미다 보면 아름답기보다는 복잡해 보이기 쉽다. 그리고 생기는 대로 어울리지 않는 화분들을 자꾸 갖다 놓는 것은 피했으면 한다.

흔히 베란다 정원도 야외처럼 흙을 붓고 나무들을 심는데, 밖에서 일을 하는 내게 그런 베란다 정원은 관리가 어려워 결국은 제 구실을 못하기 십상이다. 집 안의 인테리어와 잘 어울리는 화분에 나무를 심어 꾸미는 것으로 나는 만족한다. 베란다 정원

베란다 테이블 주변에 초를 여러 개 밝히고 재떨이라도 하나 두면 요즘처럼 구박받으면서 담배를 피워야 하는 시대에 손님을 배려하는 마음이 느껴진다.

도 자신의 상황에 맞게 꾸미고 잘 유지하는 것이 가장 중요하기 때문이다.

다른 데코용품도 그렇지만 베란다에 화분을 하나 놓는 것도 우리 집 콘셉트에 맞아야 하므로 이사 후 집 안 정리가 모두 끝난 다음에 마지막으로 화분을 준비한다.

일단 화분을 주로 취급하는 곳에 가서 마음에 드는 화분을 고르는데 그전에 어떤 크기의 화분을 몇 개, 어떻게 배치할지를 계획하는 것이 좋다. 아무 생각 없이 나갔다가는 그 많은 화분들 중에 원하는 것을 고르기도 힘들거니와 크기는 자칫 실수하기 쉬

베란다에 설치한 분수 주위에 돌멩이 몇 개 더 흩어놓고 구슬로 만들어진 에스닉한 촛대에 촛불까지 켜니 색다른 분위기가 느껴진다.

운 부분이므로 특히 주의해야 한다.

나는 간단한 스케치와 함께 베란다 치수를 적고, 원하는 식물을 잡지나 인터넷에서 찾아 그 인쇄물을 가지고 가기 때문에 농원 사람들에게 굳이 설명하지 않고도 편하고 빠르게 내가 원하는 화분을 구입할 수 있다. 그리고 우리나라는 사계절이 뚜렷하기 때문에 베란다 또는 실내에 놓을 경우 식물의 적응력을 잘 파악해서 선택해야 한다. 직장에 다니느라 항상 바쁜 나는 베란다의 나무로는 '팔손이'를 택했다. 겨울에 실내에 옮겨 놓지 않아도 추위를 잘 견뎌내기 때문이다. 그리고 손톱만 한 봉오리가 큰 이파리로 커지는 과정을 보는 재미도 그만이다.

실내에서 쉽게 연출할 수 있는 컨테이너 가드닝

또한 베란다 공간이 넓을 경우 화분 외에도 운동기구를 들여놓고 다른 가족들에게 불편을 주지 않으면서 운동을 즐길 수도 있다. 이처럼 베란다는 다양한 공간 활용이 가능한 코지 코너다. 우리 집에 필요한 공간 아이템을 찾아 베란다를 십분 활용하는 센스를 발휘해 보자.

베란다 한쪽 벽에 기하학적인 느낌의 공간을 반복적으로 뚫어 작은 화분을 넣어 스타일리시한 공간으로 연출해 보자.

거실 베란다에 활용할 수 있는 아이템. 경기도 헤이리 '아티누스' 건물 안 갤러리 모습

베란다의 한쪽 바닥에 알루미늄 용기를 설치해 작은 어항으로 꾸민 아이디어가 돋보인다.

PART 02

인테리어의 시작부터 끝까지

지금보다 훨씬 더 넓고 예쁜 집에서 편하고 즐겁게 살기 위해 꼭 많은 노력을 해야만 하는 것은 아니다. 시간이 없다면 짧은 시간에 효과를 낼 수 있는 방법을, 경제적으로 부담이 된다면 돈을 안 들이고 할 수 있는 방법을 생각하면 된다. 집을 꾸미는 데 반드시 큰 돈이 드는 것은 아니다. 핸드백이나 구두 하나 사는 값이면 얼마든지 집에 새로운 분위기를 줄 수 있다.

인테리어 데코에 자신 없어 하는 사람들에게 나는 일단 용기 내서 시도해 보라고 말한다. 대세에 크게 지장이 없는 정도라면 실수를 하면서 배울 수 있으니까 말이다. 정 자신이 없으면 처음에는 주변의 감각 있는 사람들을 따라해 보는 것도 한 방법이다. 그러다 보면 자신의 스타일이 만들어진다.

이처럼 내가 원하는 스타일로 집을 꾸미는 데는 아이디어와 시간, 돈도 필요하지만 자신의 노동력 또한 필요하다. 나는 집에서나 직장에서 몸을 많이 움직이는 편이다. 특히 디자이너라는 직업의 특성상 디스플레이나 데커레이션 일을 할 때는 당연히 노동이 따른다. 아름다운 인테리어가 완성되기까지는 짐을 날라야 할 때도 있고, 하루 종일 서서 움직여야 할 때도 있으며 청소를 해야 하는 경우도 많다. 나는 이런 일들을 할 때면 일하는 곳은 헬스장으로, 나르는 물건들은 운동 기구라고 생각하며, 서 있거나 걸을 때 유산소 운동이 되도록 자세에도 신경 쓴다.

생각하기에 따라 노동도 즐거울 수 있으며 움직이지 않으면 진정한 기쁨을 맛볼 수 없다. 행복은 작은 관심과 배려에서 시작된다는 사실을 잊지 말자.

수납의 원칙

•수납을 위해서 많은 아이디어를 생각해 낸다.
수납은 창의적인 생각이 필요하다. 공간을 좀 더 효율적으로 쓸 수 있는
여러 가지 아이디어에 따라 항상 쾌적한 환경을 유지할 수 있다.

••하나를 사면 하나를 처분한다.
쌓아놓는 것을 계속하다 보면 해결 방법은 점점 더 멀어진다.
물건을 사기 전에 먼저 수납할 공간을 생각한다.

•••자주 쓰는 것과 그렇지 않은 것을 구분한다.
물건을 사용하는 빈도에 따라 위치를 정한다.
자주 쓰는 물건은 한눈에 보이고 한 손으로 꺼낼 수 있는 곳에 두자.

••••공간의 여유를 둔다.
모든 공간을 꽉꽉 채우지 않아야 꺼내 쓰기가 쉽다.
용도에 따라 요령있게 여유 공간을 확보하자.

인테리어는 버리는 것에서 시작한다

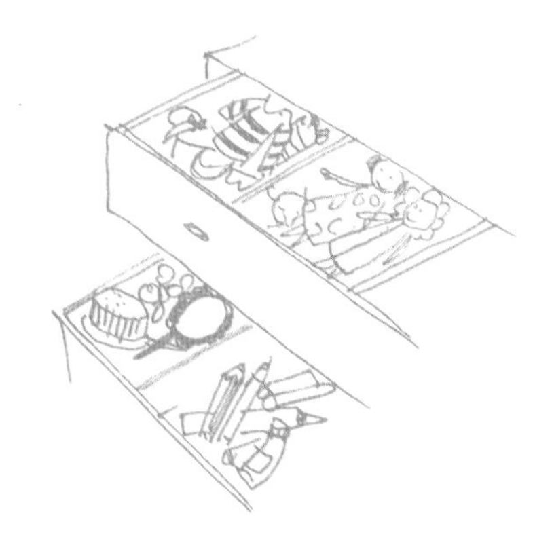

28평 아파트로 이사하기 전 인테리어 공사를 하기로 하고, 한 달 보름의 공사 기간 동안 이삿짐은 창고에 맡겨두었다. 마침내 모든 공사가 끝나 이사를 앞두고 있던 어느 날, 남편에게서 전화가 걸려왔다.

"창고에 불이 나서 맡긴 짐이 다 타버렸대……. 내가 그리로 갈게, 같이 가보자."

이삿짐이 다 타버렸다는 말에 놀라긴 했지만 당시는 '소호 앤 노호' 카페를 경영하던 때여서 마침 한 요리 잡지의 대표와 만나 얘기를 하던 중이라 나는 남편이 오는 동안에도 미팅을 계속해야 했다. 나중에 들은 얘기지만 그날 미팅한 잡지사 대표는 나를 참 인상 깊게 보았다고 한다. 모든 살림살이가 다 탔다는데 "하던 얘기 계속해요"라며 아무렇지 않게 회의를 계속하던 모습 때문이었다는 것이다. 포기할 것은 빨리 포기하고, 하겠다고 맘먹은 일은 끝까지 해나가는 나의 성격이 그대로 드러난 것이다.

어쨌든 회의가 끝날 무렵 도착한 남편과 함께 성남에 있던 창고로 가보니 정말 잿더미밖에 남아 있지 않았다. 망연자실해서 그냥 발길을 돌리려는데 남편이 혹시 모르니 들어가서 뭔가 찾아보자고 했다. 우리는 잿속을 뒤적여 타다 남은 나의 어릴 적 사진 몇 장만 찾았을 뿐 그 외에는 남아 있는 게 없었다.

모두들 걱정하고 위로해 주었지만 나는 그때도 참 미련이 없

화재 사건 덕에 나의 결혼 전 사진이라고는 돌 때 사진, 세 살 때 사진, 초등학교 때 사진 한 장씩과 친정 가족 사진 몇 장이 전부다. 이 사진들을 침실 한구석에 구형 시계들과 함께 꾸며놓고 추억의 소중함을 되새기곤 한다.

었던 것 같다. 아주 큰 것이든 작은 것이든 뭔가를 잃으면 나는 ‘그건 원래 내 것이 아니었나 보다’라고 생각하는 성향이 있다. 이런 나의 성격은 살아가면서 어떤 어려운 일을 겪을 때마다 쉽게 극복하는 힘이 되곤 한다.

우리는 어쩔 수 없이 신혼 때처럼 모든 살림을 새로 장만해야만 했다. 그러나 모든 것을 한꺼번에 다 사기란 그리 쉽지 않아 우선 꼭 필요한 것들만 마련했다. 이렇게 결혼한 지 10년 만에 우리 세 식구는 새 집에 새 살림을 갖추고 새롭게 시작했다.

오랜 시간이 지난 지금도 추억이 깃든 사진들과 아끼던 음악 CD 등은 못내 아쉽지만 그 외에는 불에 타서 없어진 물건 때문에 크게 불편해한 적은 없었다. 한편으로는 짐 없이 생활하는 것도 공간을 넓게 쓰고 깔끔하게 지낼 수 있어 괜찮다는 생각이 들기도 했다.

원래 정리 정돈이 취미이기도 했지만, 화재 이후로 집 안에 뭔가를 쌓아놓고 살거나 필요 없는 물건을 오래 가지고 있지 않게 되었다.

우리는 집 안에 필요 없는 물건들을 너무 많이 지니고 살고 있는 건 아닐까? 버리기는 아까워 지니고 사는 수많은 물건들을 한번 점검해 보자.

충동구매는 하지 않는다

나는 충동구매를 즐기지 않는다. 계획을 세워서 사고, 사고 싶은 게 있어도 한 번에 사지 않는다. 살 때는 우리 집 분위기에 맞는지, 어디에 어떻게 놓을 것인지를 충분히 생각한 다음에 산다. 그리고 뭔가 하나를 사면 같은 품목 중에 하나는 없애는 편이다. 아니, 하나를 미리 처분하고 나서야 새로운 하나를 사는 편이다.

사실 살림살이뿐 아니라 옷이나 구두, 가방, 액세서리도 사서 쌓아두는 경우는 없다. 둘 자리가 없으면 누군가 유용하게 쓸 사람에게 아낌없이 넘겨준다. 먹는 것도 나누면 좋듯이 물건들도 내 곁을 떠나 다른 이가 유용하게 쓸 수 있도록 나누면 보다 즐거운 일이 된다.

지난해에는 집 안에 두면 공기 정화 기능이 있어 좋다는 산세베리아가 선물로 들어와 경비실에 맡겨져 있었는데 화분이 우리 집에는 어울리지 않는 디자인이었다. 나는 기꺼이 경비 아저씨들이 근무하는 곳에 두도록 드렸다. 지금도 경비실에는 그때 드린 산세베리아가 제일 좋은 자리를 차지하고 경비실의 공기 정화를 하고 있으니, 우리 집에 와서 단지 어울리지 않는다는 이유로 내 눈총을 받는 것보다 얼마나 좋은가.

내가 충동구매를 하지 않는 것은 해외 여행에서도 단적으로 느낄 때가 있다. 국내에서는 여러 번, 여러 곳을 봐두었다가 시간이 날 때 다시 가서 살 수 있으므로 아무런 문제가 없지만 해외 출장이나 여행 때는 일정이 정해져 있어서 갔던 곳을 다시 가는 것이 그리 쉽지는 않다. 그러나 충동구매를 하지 않는 성격 탓에 나는 없는 시간을 쪼개서 갔던 곳을 꼭 다시 가야 하는 상황을 만들곤 한다. 마음에 드는 물건을 발견해도 '혹시 더 괜찮은 것이 나타나면 어떡하지?' 걱정하며 선뜻 사지 못한다. 그래서 귀국하는 날까지 돌아보고 난 후 마지막으로 제일 마음에 드는 곳에 다시 가서 산다. 그럴 때는 상당히 시간에 쫓기게 되지만 매번 이런 상황이 벌어진다. 물론 그렇게 해서 내가 가지게 된 물건들은 나와 오랜 시간을 같이 보내는데 이것은 인테리어 소품뿐 아니라 옷, 액세서리 등 전반적인 나의 쇼핑 습관이다.

나는 집 안에 물건들이 쌓이는 게 싫다. 그래서인지 사람들은 우리 집을 모델하우스 같다고 얘기한다. 우리 집은 누가 온다고 일부러 뭔가를 하지 않아도 될 수 있게 항상 모든 것이 제자리에 정리 정돈되어 있다. 그러기까지는 뭐든 아쉬워하지 않고, 필요하지 않은 물건은 갖고 있지 않는 내 성격이 가장 크게 작용했다. 우선 나는 수시로 집 정리를 하면서 쓰지 않게 된 물건들은 버리거나 주위에 필요한 사람들이 있으면 아낌없이 준다.

한번은 동네 슈퍼 언니가 내게 "부자 언니 왔네"라고 말해 깜짝 놀란 적이 있는데, 알고 보니 슈퍼에서 사은품으로 주는 갖가지 플라스틱용품들을 내가 절대 받지 않기 때문이었다. 내게 필요 없는 물건이기도 하지만 더 큰 이유는 커다란 광고 문구가 적힌 용품들은 집 안 어느 구석에 박혀버리기 십상이기 때문이다. 혹시 꼭 필요한 것이 있으면 받은 후 아세톤으로 깨끗이 지우고 쓴다.

남편에게도 명절이면 회사에서 선물이나 사은품들이 들어오곤 하는데 나는 그대로 두었다가 집에 오는 지인들에게 보여주고 마음에 들면 가져가게 한다. 내게는 필요치 않은 물건은 그것을 원하는 사람에게 주는 편이 쌓아두는 것보다 여러 면에서 훨씬 좋다. 주는 기쁨과 함께 우리 집은 필요 없는 물건으로 복잡해지지 않는 즐거움도 함께 느낄 수 있다.

지금 쓰지 않는 것은 나중에도 쓰지 않는다

주변에서 집을 어떻게 꾸미냐고 자주 묻곤 하는데, 나는 첫 번째로 꾸미기 전에 먼저 필요 없는 물건을 처분하라고 말한다. 그것이 되지 않으면 더 이상 좋아질 수 없다.

특별히 꾸미지 않아도 좋다. 그저 한번 비워보면 좋은 길이 보인다. 2년 정도 지났는데 한 번도 사용하지 않은 물건, 뭔가를 찾다가 있는지도 몰랐는데 나타나는 물건들은 사실 우리 가족에게 필요한 물건이 아닐 뿐만 아니라 그로 인해 수납공간이 적어지거나 복잡해져서 꼭 필요한 물건도 쉽게 사용할 수 없는 상황이 불가피하게 발생하곤 한다.

그동안 쓰지 않던 물건들은 특히 이사를 하기 위해서 짐을 정리하다 보면 발견되는 경우가 많은데 대부분 혹시나 해서 또 싸가지고 다음 집으로 가게 된다. 하지만 그런 물건들은 새로 이사한 집에서도 창고나 깊숙한 장 속에 들어가게 되고 아마 다음 이사 때도 같은 상황이 반복될 것이다.

그리 넓지도 않은 집을 짐으로 채워두지 말고 가족의 공간으로 만들어보기. 우선 버려야 한다. 버리고 나면 활용할 공간이 제대로 보인다. 집 안에 필요 없는 많은 물건들을 가지고 있다면 아무리 열심히 치워도 또 아무리 비싼 장식품을 사다 놓아도 아무 소용이 없다. 집을 꾸미는 데 경제적인 부담이 따른다면 버리고 정리하는 일, 이것부터 실천하자.

나와는 다르게 남편은 가지고 있던 물건들을 잘 버리지 못하는 성격이다. 그 때문에 우리 부부는 이사할 때마다 이것 없애자 그냥 놔두자로 의견이 충돌할 때가 많다.

결혼 전에는 등산을 좋아하며 혼자만의 시간을 많이 보낸 남편은 결혼 후 취미생활이 바뀌었다. 가족과 가까운 산에는 가끔 가지만 학생 때처럼 큰 배낭을 메고 며칠 동안 등반하는 등산은 안 한 지 꽤 오래되었다. 그런데도 남편은 학생 때의 추억 때문에 등산용품에 대한 애착을 버리지 못하고 이사 때마다 없애자는 나의 구박에도 꿋꿋이 그것들을 싸 들고 이사를 다녔다. 지금의 집으로 이사할 때도 기필코 가지고 와서 따로 창고에 넣어두었다.

마침 아들이 미국으로 유학을 떠나면서 준비물에 등산용품 일체가 필요해 창고를 뒤져 찾은 배낭 속에는 갖가지 등산용품들이 들어 있었다. 하나 둘 꺼내보니 오래되어 끈적거리고 하다못해 방수 비옷은 코팅이 떨어져 내려 온 거실이 난장판이 되었다. 모두 거둬서 분리수거함에 나눠 넣는데도 손에 잡을 때마다 끈적거려 아주 불쾌했다. 아들과 함께 처리하고 남편이 돌아왔을 때 당시 상황을 장황하게 얘기했는데도 남편은 여전히 미련이 남아 있는 것 같았다.

잘 쓸 수 있는 물건이나 추억이 깃든 소품들이라면 잘 보관하거나 보기 좋게 진열해 두어야 하지 않을까? 그저 버리기가 아쉬워 쌓아두기만 하는 것은 여러 면에서 비효율적이다.

'필요 없는 것은 버리자'라는 나의 생각에 더욱 확신을 갖게 해준 것은 《아무것도 못 버리는 사람들》이라는 책이었다. 이 책에서는 주변을 어수선하게 만드는 잡동사니를 '쓰지 않거나 좋아하지 않는 물건들, 조잡하거나 정리되지 않은 물건들, 좁은 장소에 넘쳐흐르는 물건들, 끝내지 못한 것들' 등 네 가지로 분류하고 있다.

또한 이 책에서는 성공적인 인생이 되기를 원한다면 우리가 몸담고 있는 두 공간, 즉 집과 일터의 생명 에너지의 흐름을 유연하게 만드는 것이 중요하며, 풍수는 이처럼 에너지의 흐름을 개선시키는 방법이고, 그중에서도 공간 정리는 가장 효과적인 방법 중 하나라고 얘기한다. 잡동사니가 쌓이기 시작할 때는 뭔가 우리의 삶에 문제가 생겼음을 암시하며 그것이 쌓이면 쌓일수록 정체된 에너지를 불러온다고 한다. 결국 문제의 해결은 올바른 정리 정돈 방법을 알고 실천해 나가는 것이다. 이 책은 다음과 같은 정리 정돈 방법을 제시하고 있다.

✔비슷한 종류의 물건은 같은 장소에 보관한다.

✔사용해야 할 장소에서 가까운 자리에 보관한다(예를 들어

꽃병을 보관하는 장소는 꽃을 다듬는 장소에서 가까워야 한다).

✔ 자주 사용하는 물건들은 가장 손이 쉽게 닿는 곳에 보관한다.

✔ 사용한 물건은 반드시 제자리에 둔다. 이렇게 하면 어지르거나 잡동사니 만드는 일이 줄어든다.

✔ 상자에는 안에 무엇이 들어 있는지 표시를 한다.

✔ 옷장 안의 옷은 색상별로 정리한다(이 방법으로 정리하면 훨씬 그 옷들이 입고 싶어진다).

나는 사용하는 물건만 수납한다. 사용하지 않는 물건의 수납이란 그저 쌓아두는 것일 뿐 의미가 없다. 아직 사용하지 않은 물건, 잘못 구입한 물건, 더 이상 필요 없는 물건들은 때로는 마음의 짐이 된다.

물건은 누군가에게 사용되기 위해 만들어진 것이다. 따라서 내게는 필요 없지만 버리기 아까운 것들은 그것이 필요한 사람들에게 나눠주는 것이 당연하다. 이렇게 실천하다 보면 모든 물건이 사용하기 편해지고, 불필요한 물건은 점점 없어져서 집 안이 저절로 깨끗해지기 마련이다. 또한 항상 내가 아끼고 필요한 물건들을 두루두루 쓰고 손질할 수 있으니 마음까지 행복해진다.

바쁜 주부를 위한 청소의 기술

인테리어는 청결이 기본이다. 필요치 않은 물건을 치우고 나면 청소도 훨씬 간편해진다. 나는 물걸레를 쓰지 않는다. 웬만한 일은 잘 이해하고 넘어가는 남편도 이해 못하는 부분이기도 하다. 남편 왈, 결혼하고 이제껏 내가 물걸레질 하는 것을 못 봤다는 것이다.

그렇다고 내가 설마 청소를 하지 않을까? 고맙게도 잘 살펴보면 손쉽게 사용할 수 있는 청소용품들이 많이 나와 있고, 나는 그것들을 종류별로 갖추어 적절히 사용하기 때문에 청소를 하고 난 뒤 걸레까지 빨아야 하는 수고를 하지 않는다. 우선 나는 일찍이 로봇 청소기가 출시되자마자 구입했고, 간단히 들 수 있는 손 청소기 두 개와 스팀 청소기 한 개를 가지고 있다. 출퇴근 개념이 없고 야근과 밤샘을 불사해야 하는 일을 25년 넘게 해오면서도 아이가 초등학교 6학년 때부터 중학교 3학년 때까지 주 1회 오전에만 도우미 아주머니의 도움을 받아 집 안을 꾸려갈 수 있었던 것은 각종 도구를 사용해서 편하게 집 안을 치울 수 있었기 때문이다.

거실과 방은 주 2회 정도 로봇 청소기를 작동하면 소파 밑과 침대 밑까지 먼지를 해결해 준다. 로봇이 해결하지 못하는 구석 부분만 손 청소기를 이용해 마무리하고 물걸레 대신 회전이 잘 되는 대걸레 막대에 마트에서 구입한 물휴지를 끼워서 닦아준다. 가구를 배치하거나 물건을 놓을 때 청소기가 들어갈 정도의 공간을 미리 만들어두면 힘도 덜 들고, 시간도 절약되면

서 구석구석 잘 치울 수 있다. 평소에는 작은 먼지라도 눈에 띄면 수시로 손 청소기를 드는데 하나로는 부족해 2세트를 손쉽게 집을 수 있는 곳에 각각 구비해 놓고 쓴다. 가구의 먼지는 물걸레로 닦으면 말끔히 닦이지 않고 도로 다른 자리에 가서 붙는 것이 싫어 먼지가 날리지 않는 먼지 제거용 페이퍼를 주로 사용하는 편이다.

그 밖에 물걸레질이 필요한 부분은 물수건을 사용한다. 이 물수건은 음식점에서 사용하는 것과 같은 종류인데 아깝다고 생각할 수도 있겠지만 일하는 여성으로서 나는 모든 것을 다 잘하고 게다가 적은 돈을 아끼느라 시간을 들이고 내 몸이 괴로운 슈퍼우먼이 되고 싶지는 않다. 그러다 보면 남편에게 도와주지 않는다고 짜증을 내고 그로 인해 좋은 관계가 불편해지기보다는 시간과 내 몸을 아끼는 데 충분히 투자할 수 있다고 본다. 실제로 물수건은 코스트코에서 300개들이 한 봉지에 9760원이고 하나에 33원이니 하루에 하나씩 쓰더라도 한 달에 990원이면 해결된다.

남편은 본인의 취미생활과 스포츠 활동 등에는 상당히 부지런하지만 집안일에는 인색하다. 처음에는 집안일을 도와주길 바라기도 했지만, 하기 싫은 것을 억지로 시키느니 내가 편하게 하는 방법으로 생각을 바꿨다. 집 안의 평화를 위해서 나는 기꺼이 양보했고, 우리 부부는 모두가 편하다면 그것이 최고의 방법이라고 생각한다. 나는 하면서 화가 날 것 같은 일은 차라리 하지 않는다. 어떻게 그렇게 하고 싶은 것만 하고 살 수가 있냐고? 그러나 어차피 해야 할 일은 즐겁게 한다. 가족들도 각자 할 수 있는 일만

큼만 해주면 집안일은 훨씬 수월해진다.

우리 집의 세탁기 위에는 빨래 통 두 개가 놓여 있다. 남편과 아이는 여기에 흰 옷과 색깔 옷을 잘 구분해서 넣는다. 신혼 초에 남편은 티셔츠와 러닝셔츠를 뒤집어서 벗은 뒤 그대로 빨래 통에 넣는 바람에 세탁한 빨래를 젖은 상태에서 뒤집으려면 짜증이 나곤 했다. 남편에게 널어 달라고 부탁하면 세탁기에서 꺼낸 상태로 그대로 널어 자연히 빨래를 너는 일도 내가 할 수밖에 없었다. 몇 번을 얘기해도 남편의 버릇은 고쳐지지 않았다. 하는 수 없이 나는 뒤집어서 내놓은 그대로 세탁기에 돌려 마르면 역시 뒤집어진 그대로 접어 옷장 속에 넣어주었다. 남편은 너무한다는 표정을 지었지만 빨래할 때마다 짜증 내는 것보다는 그 편이 오히려 마음 편했다. 시간이 많이 흘러 이제는 빨래 통에 뒤집어진 채로 빨랫감을 넣는 일이 없어졌다. 남편과 살며 서로 노력해도 안 되는 부분이 있다는 걸 자연스럽게 알게 되었고, 다른 면에서는 모두 편하고 좋은 남편에게 하기 싫어하는 집안일을 강요해서 분란을 일으키지 않으려니 나는 이런저런 요령을 터득해야 했다. 주부인 내가 즐거워야 가족 모두가 행복할 수 있다. 하면서 화가 나거나 괴로운 일은 쉽게 해결할 수 있는 요령을 부리면서 즐겁게 집안일을 하자는 것이 나의 지론이다.

수납만 잘해도 집이 한결 커 보인다

수납을 잘하려면 참 많은 생각을 해야 한다. 우선 이사를 하고 나면 큰 물건을 제외한 살림살이들은 제자리를 미리 생각해 가며 정리해야 수월하다. 일단 빈 수납공간에 넣고 나서 정리를 시작하면 이중 일이 될 수 있다. 이때 수납에 필요한 수납용품들을 미리 생각해서 준비하면 정리가 좀 더 쉬워진다.

수납할 때는 내 나름의 기준이 있다. 먼저 장식을 위한 수납과 밖으로 드러나지 말아야 할 것들을 숨기는 수납, 두 가지를 확실히 구분한다. 새 집에 이사하고 나서 한 달여 간 나는 수납으로 많은 시간을 보냈다. 휴일이 아닌 날은 출근을 해야 하니 때로는 퇴근하고 나서 한 군데를 시작하다 보면 거의 새벽 서너 시가 될

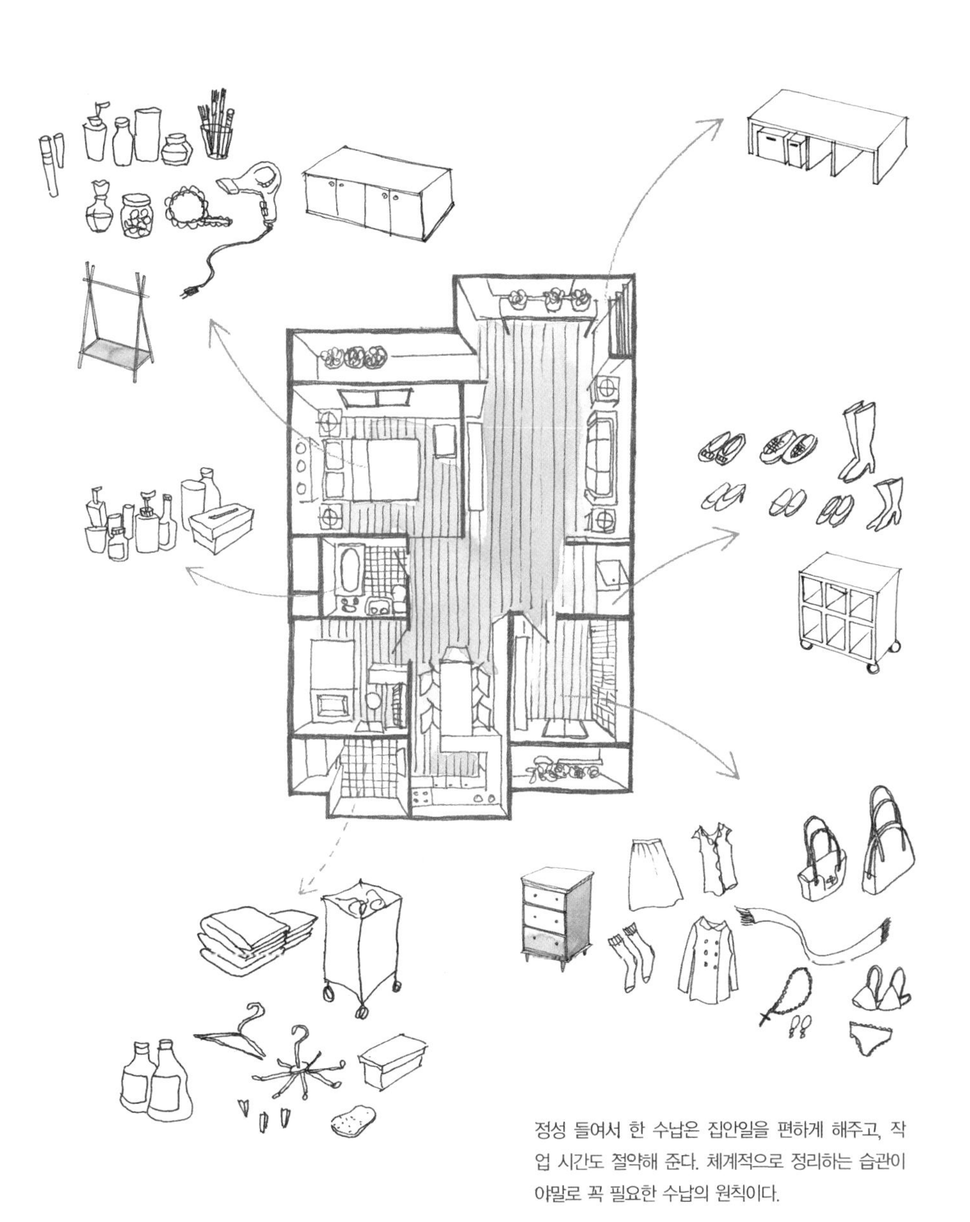

정성 들여서 한 수납은 집안일을 편하게 해주고, 작업 시간도 절약해 준다. 체계적으로 정리하는 습관이야말로 꼭 필요한 수납의 원칙이다.

때도 있었다. 수납에 필요한 마땅한 용품이 없거나, 다음 날 회사 일이 걱정되어 잠을 자야겠다는 생각이 들어야 겨우 멈추는 식도 많았다. 정리해야 한다는 의무감보다는 나름 신이 나서 그렇게 열심히 할 수 있었다. 누가 시킨다고 그런 일이 그리 재미있을까?

이렇게 많은 시간을 들여 해결된다면 그나마 다행이겠지만 수납은 그리 쉽지만은 않다. 하지만 많은 생각을 하고 시간과 노력을 들여서 한 수납은 내가 일하면서 살림하는 긴 세월 동안 편하게 집안일을 하게 해주고, 시간도 절약해 주는 것으로 정직하게 보답한다.

나는 출근하기 전 바쁜 와중에도 반드시 집 안의 모든 물건들이 제자리에 있는지 확인하고 정리한 후 나가는 습관이 있다. 그래야 출근한 뒤에도 마음이 편하고, 또 퇴근하고 집에 와서 저녁 준비를 할 때도 수월하며 혹 저녁 준비를 하지 않아도 되는 날은 더욱 편안한 저녁 시간을 보낼 수 있어서 좋다. 눈에 보이는 물건이나 서랍과 붙박이장 안의 눈에 보이지 않는 물건들, 하다못해 액세서리나 화장품 같은 것들도 잘 정리되어 있으면 편하게 사용할 수 있다. 모든 물건들을 잘 정리한 뒤에는 쓰고 난 물건을 항상 제자리에 다시 두는 것이 중요하다. 실제로 수납은 집 꾸미기의 하이라이트라고 할 수 있다.

수납에도 계획이 필요하다

26년간 내가 했던 일은 항상 디스플레이와 큰 연관이 있었다. 11년간의 패션 디자이너 시절에도 디스플레이 영역까지 해내야 했고, '전망좋은 방'을 론칭하고 5년간 기획실장을 하던 시절에도 생활용품이 국내에서는 초창기였으니 마찬가지였다. '소호 앤 노호'에 이어 '까사 스쿨'에 이르기까지 항상 디스플레이는 내 일에서 빠질 수 없는 중요한 한 부분이었다.

디스플레이는 우선 고객들의 눈에 띄도록 멋지게 꾸미는 것이 기본이다. 그 밖에도 많은 제품들을 색상이나 스타일, 사이즈별로 잘 구분해서 매장에 진열해야 하고 창고에도 여분의 물건을 잘 정리해 두어야 필요할 때 빠른 시간 안에 찾을 수 있다. 정리가 잘 되어 있지 않은 경우에는 시즌이 지나 재고를 파악하다 보면 아쉽게 남은 제품들이 발견되곤 한다.

매장에서 좋은 디스플레이를 위해 집기들을 체계적으로 계획하고 준비하는 것처럼 집 수납에도 계획이 필요하고, 계획에 따른 수납용품들이 준비되어야 한다.

처음에 이사해서 제대로 수납을 마치기까지 거의 한 달이 걸린 이유는 원래 뭔가를 하면 끝을 보는 성격 때문이기도 하지만 원하는 수납용품을 찾기가 쉽지 않아서이기도 했다. 원하는 수납용품들을 사기 위해서 온 마트와 인터넷을 뒤진 시간을 생각하면 한 달 걸려 수납을 마친 것이 꼭 내 성격 탓은 아니리라. 어쨌든 많은 시간 들여 발품을 판 만큼 하루하루 지날 때마다 수납의 편리함을 만끽하면서 산다.

이사를 하고 가장 구하기 어려웠던 물건 중에는 괜찮은 모양의 작은 사다리도 있었다. 외국 잡지나 매장들에서는 흔히 본 것들인데 국내에서는 찾을 수가 없었다. 아쉬운 대로 조금 비슷한 것을 사서 쓰고 있는데 이유는 부엌 시스템장의 가장 윗부분을 사용하기 위해서였다. 보통은 의자를 끌어다 놓고 물건을 꺼내 쓰는데, 여간 불편한 게 아니다. 이때 튼튼하고 접기 쉽고, 펼쳐놓아도 예쁜 작은 사다리가 있다면 부엌장 맨 위칸도 쓸모 있는 수납공간이 된다. 살림을 잘 알고, 사는 사람을 생각한다면 아파트를 지을 때 작고 예쁜 사다리를 손 닿기 쉬운 곳 한쪽 벽에 붙여놓아 주부 고객에게 감동을 줄 수 있을 텐데…….

똑똑한 수납의 기술

깔끔한 집에서 살고 싶다는 생각은 여자라면 누구나 가지고 있는 소망이다. 주부들에게 집을 새로 장만할 때 가장 바라는 점을 물으면 대부분 수납공간이 많았으면 좋겠다는 얘기들을 한다. 이는 수납공간이 적어서 정리를 할 수 없다는 말이기도 하지만, 우리가 생활하는 데 필요한 물건들이 그 정도로 많은지도 생각해 볼 일이다.

무엇보다 밖으로 드러내어 장식하고 싶은 물건과 가리거나 숨겨야 할 물건을 구분하는 것이 중요하다. 집들이에 초대받아 가 보면 선물로 받은 세제와 두루마리 휴지들이 집 안에 넘쳐난다. 때로는 공간이 남는 곳을 찾다 현관에 쌓아두는 경우도 있다. 집 전체가 창고가 아닌 이상 최소한 휴지는 다른 수납공간을 찾아 넣는 노력이 필요하지 않을까?

집 꾸미기도 필요 없는 물건들은 처분하고, 수납할 수 있는 것들은 적절한 장소를 찾아 모두 넣은 후 시작해야 한다. 우리 여성들도 세안과 기초화장을 한 뒤에 색조 화장을 하고, 속옷을 입은 다음 겉옷을 입고 그 후에 예쁜 액세서리를 하지 않는가? 나의 가족이 사는 집을 꾸미는 일도 이렇게 기본 순서가 있어야 한다. 제한된 공간 안에 숨기고 싶은 것을 모두 숨기려면 체계적인 수납이 필요하다. 많은 생각을 하다 보면 창의적인 아이디어가 나오고 그러면서 수납공간은 좀 더 많이 확보하게 된다. 이렇게 수납을 하다 보면 처음엔 깔끔하고 편리해진 것만을 느끼지만 더 시간이 지나 생활화되면 한결 아름다워진 나의 공간을 발견하게 될 것이다.

수납의 기술 1_부엌

수납을 하다 보면 가장 잔손이 많이 가는 것이 부엌용품들이다. 부엌용품 중에는 전자 제품같이 인테리어 공사 때부터 미리 계획해 넣어야 하는 필수 품목이 있다. 이런 물건들은 미리 생각해 놓지 않으면 제자리에 두었을 때 코드선이 노출되어 애써 아름답게 꾸민 공간을 해치게 된다. 요즘은 전자 제품도 꺼내두고 써도 좋을 만큼 예쁜 제품들이 있지만 새로 집을 장만하거나 리모델링을 하다 보면 비용 부담 때문에 쓰던 것을 그대로 써야 하는 경우가 많다. 특히 오래된 가전 제품들은 주변 인테리와 어울리지 않아 고민덩어리일 수밖에 없는데 이럴 때는 문이 달린 수납장이

아주 요긴하다. 사용하지 않을 때는 수납장 문을 닫아놓을 수 있어 한결 깔끔해 보여 좋다. 부엌 수납장에 전기밥솥, 전자레인지, 토스터기 등의 코드선이 통과하는 홀을 미리 만들어두어야 하는 점도 잊지 말자.

특히 부엌은 많은 물건들을 매일 쓰는 곳이므로 좀 더 체계적인 수납이 필요하다. 자주 쓰는 물건과 아닌 것을 확실히 구분하여, 자주 쓰는 물건은 한 손으로도 쉽게 꺼낼 수 있어야 한다. 이런 물건들은 싱크대 상판에 올려놓고 쓰면 편하겠지만 좋은 장식이 되지 않는 도구들은 밖에 내놓는 순간 지저분해 보이기 쉽다. 더욱이 작은 물건들이 많기 때문에 칸을 세밀히 나누어놓아야 서

칸이 많은 부엌 수납용품은 여러모로 쓰임새가 높다. 접시의 경우 겹쳐서 넣으면 맨 아래 접시는 꺼내 쓰기가 힘들므로 접시 중간에 받침대를 넣어 분리해 사용하는 것이 편리하다.

로 섞이지 않고 깔끔히 유지할 수 있다.

우리 집 부엌 서랍에는 문구류를 수납하는 플라스틱 제품을 이용해 가능하면 물건마다 각각 자리를 잡도록 했고, 찬장에는 접시 그릇들이 겹쳐져서 밑의 그릇을 꺼낼 때 불편한 일이 없도록 중간 받침대를 놓거나 찬장 선반에 고정시켜 편리하게 사용하고 있다.

수납의 기술 2_**거실**

거실은 가족이 공유하는 공간이므로 신문이나 책, 가족의 취미와 관련된 물건들이 많이 모이기 마련이다. 거실에 큰 수납장이 있다면 별 문제가 없겠지만 공간이 넓지 않은 이상 큰 수납장을 두는 경우는 거의 없다. 그래서 우리 집 거실은 AV 시스템의 기기들을 두기 위한 장식장을 만들면서 가능한 한 큰 서랍을 넣어 DVD 테이프와 음악 CD, 그 외 양초와 여러 가지 물건들을 모두 이곳에 넣고 사용한다. 여기에도 물론 칸이 많은 플라스틱 수납용품을 이용해 물건들을 잘 구분하여 찾아 쓰기 편하게 넣어두었다.

자주 사용하는 물건들은 비슷한 종류끼리 분류하여 정리해 두고, 사용한 뒤에는 반드시 제자리에 두는 것은 특히 거실에서 꼭 지켜야 할 수납의 원칙이다. 신문, 잡지, 최근에 구입한 책들은 소파 옆에 자잘한 소품 바구니를 마련해서 함께 모아두는데 일부러 들여다봐야 보일 정도로 눈에 띄지 않게 놓아둔다.

거실 물건들 중 이리저리 수납해서 넣어도 해결 안 되는 운동

기구들이 골칫거리이다. 보통 베란다 쪽에 자리를 차지하고 있는 캐비닛 같은 기구들은 당시가 가서 옮길엄두도 못 내지만 훌라후프 같은 작은 운동 기구들은 내놓으면 주변 인테리어와 맞지 않고, 매일 사용하는데 어디에 꽁꽁 숨겨놓기도 힘들다. 나는 훌라후프의 경우 침대방의 붙박이장 앞 커튼으로 드리워진 공간 사이에 넣어두고 쓴다. 눈에 잘 안 띄기 때문에 운동하는 횟수가 줄어드는 단점은 있지만, 거실 벽에 세워놓고 볼 때마다 눈에 거슬리는 것보다는 훨씬 좋은 것 같다. 각 집마다 숨어 있는 수납 공간들이 의외로 많다. 그런 곳을 찾아내 십분 활용하는 센스를 발휘해보자!

수납의 기술 3_드레스 룸

수납을 할 때 가장 고민되는 곳이 드레스 룸, 즉 옷방이기도

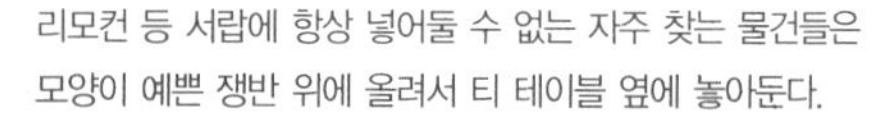

리모컨 등 서랍에 항상 넣어둘 수 없는 자주 찾는 물건들은
모양이 예쁜 쟁반 위에 올려서 티 테이블 옆에 놓아둔다.

하다. 수납공간도 여유가 없을 뿐 아니라 품목 또한 다양해서 정리하는 데 많은 시간과 노력이 필요하기 때문이다. 하지만 어렵다고 대충 했다가는 내가 가지고 있는 옷이나 액세서리들을 충분히 활용하기 어려우니 처음부터 작정하고 정리해야 하는 곳이다.

우선 해마다 늘어나는 옷가지들을 그대로 다 쌓아두었다가는 도저히 해결이 안 되므로 옷과 액세서리도 일정 기간 입지 않거나 사용하지 않으면 처분하는 것이 좋다. 주위에 필요로 하는 곳에 보내거나 처분을 한 뒤 수납 정리를 하자.

옷장 수납에서 내가 중요하게 여기는 것은 옷걸이다. 오래전 영화의 한 장면에서 근사한 옷장 속을 본 후 언젠가는 나도 영화 속 옷걸이로 모두 바꾸고 싶다는 생각을 했었다. 세탁소에서 딸려온 볼품없는 하얀 철사 옷걸이와 옷을 살 때 주는 까만 플라스틱 옷걸이들을 마구 섞어 걸고 싶지는 않아 결국 집 안의 옷걸이를 모두 나무 옷걸이로 바꿔버렸다. 나무 옷걸이를 한꺼번에 100개 이상 사려면 가격이 부담스러운 게 사실이지만 부분적으로는 바꾸고 싶지 않아서 여러 곳을 돌아다녔다. 지금은 '홈에버'로 바뀐 '까르푸'가 문을 닫기 직전, 혹시 싸고 좋은 물건이 있을까 싶어 갔다가 여덟 개에 4000원인 꽤 괜찮은 나무 옷걸이를 발견하고 기쁜 마음에 윗옷걸이 120개와 하의걸이 육십 개를 샀다. 물론 돈이 아깝다고 생각할 수도 있겠지만 외출을 위해 옷장을 열 때마다 느끼는 즐거움을 생각하면 충분히 맞바꿀 만한 가치가 있다.

내가 아끼며 즐겨 입는 옷들이 보기 좋게 옷장 안에 걸려 있

1 다양한 크기의 박스는 좁은 옷장 안을 효율적으로 활용할 수 있는 아이템이다. 2 방 하나를 드레스 룸으로 정해 가족의 옷과 기타 용품을 모두 모아두면 다른 공간들이 한결 넓어질 수 있다.

는 모습을 보면 더 소중하게 느껴지고, 이런저런 옷걸이에 질서 없이 걸려서 꽉 끼여 있는 모습을 보며 답답해하던 마음이 해소되기도 한다.

내 경우에 윗옷은 당연히 윗옷걸이에 걸지만 하의 가운데 바지는 꼭 하의걸이에 걸지는 않는다. 출근 시간이나 퇴근 후에 서두르다 보면 주름이 있는 바지나 캐주얼 바지는 하의걸이보다 윗옷걸이에 반으로 접어서 거는 일이 많은데 시간이 훨씬 절약되고 정리도 더 수월하다.

시스템 옷장은 꽤 잘 짜여져 있지만 실제로 수납을 하다 보면 어쩔 수 없이 쌓아놓아야 하는 공간이 생긴다. 이럴 때도 실력 발휘를 해서 칸을 나누어 정리해보자. 옷걸이에 옷을 걸고 나면 바닥 부분에 꽤 많은 공간이 남아 옷을 이리저리 쌓아두곤 하는데 3단이나 4단 수납장을 넣어두고 칸칸이 옷을 종류별로 구분해서 수납하면 보기에도 깔끔하다.

특히 티셔츠류는 칸을 나누지 않고 쌓아놓으면 찾기도 힘들고 구겨져서 입기도 어렵다. 그리고 가방과 벨트, 액세서리도 가

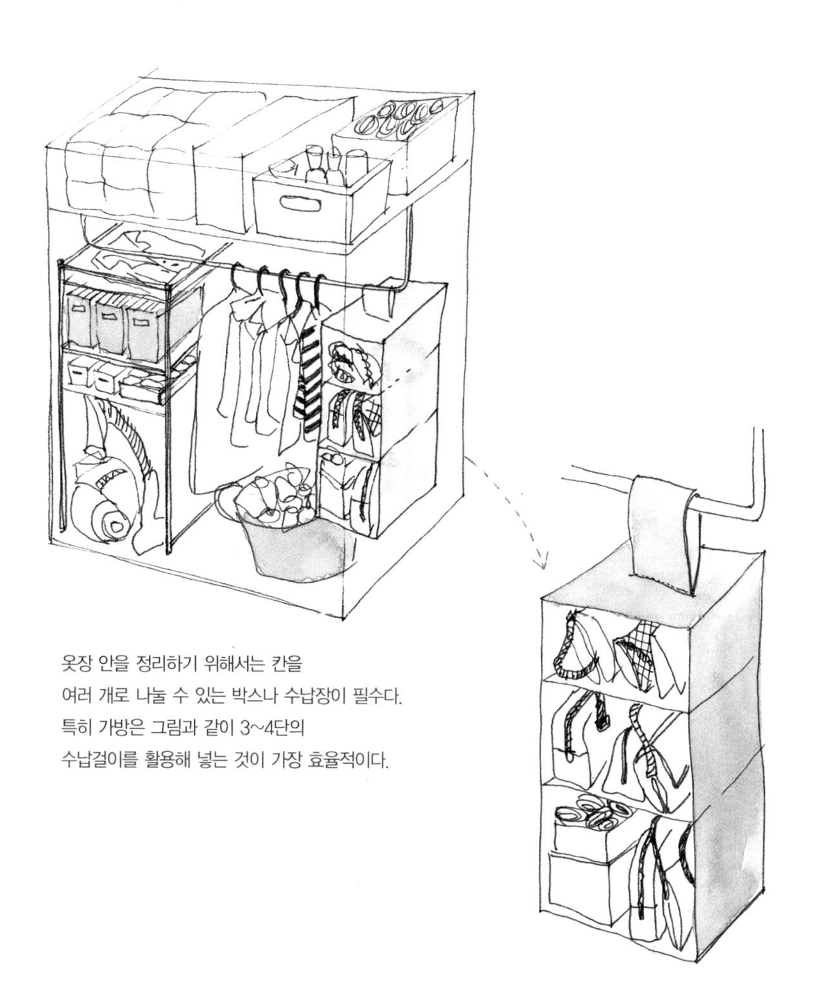

옷장 안을 정리하기 위해서는 칸을
여러 개로 나눌 수 있는 박스나 수납장이 필수다.
특히 가방은 그림과 같이 3~4단의
수납걸이를 활용해 넣는 것이 가장 효율적이다.

능한 한 한눈에 보이도록 수납하는 것이 중요하다. 좁은 수납공간을 탓하기 전에 불필요한 옷과 액세서리를 중복 구매하지 않는 습관을 들이는 것도 중요한 부분이다. 결국 내 손이 닿지 않는 것들은 자리만 차지할 뿐 내 물건이라 할 수 없다. 최소한 집 안에 있는 물건이라면 버림받지 않고 언제든지 사용할 수 있는 것이어야 하고, 한눈에 찾을 수 있도록 정리가 되어 있어야 한다.

수납의 기술 4_서재

책은 그 자체만으로도 충분히 디스플레이가 될 수 있는 좋은 아이템이다. 뉴욕의 머서 호텔Mercer Hotel 로비의 큰 벽면 한쪽에 여유롭게 꽂혀 있는 책들은 집 안 같은 느낌을 준다. 또 허드슨 호텔 라이브러리 바의 2층은 전체를 클래식한 서재 느낌으로 꾸며 아늑하면서도 인텔리한 분위기를 연출하고 있다.

이렇게 의도적으로 디스플레이를 한 책장이나 서재는 완성된 모습이 정갈하지만 현실적으로 우리가 갖고 있는 서재의 책은 사이즈가 다양하니 책장을 짜게 되면 좀 더 신중하게 크기를 정해야 한다. 가지고 있는 책들의 사이즈를 미리 확인하고 책의 양에 따라 비율을 정한 다음 제작에 들어간다. 작은 사이즈의 책이 큰 책꽂이에 들어가면 공간이 낭비되므로 작은 책들일수록 더 신경 써야 한다.

우리 집은 다른 것들에 비해 책이 늘어나는 속도가 꽤 빠른 편이다. 다른 물건에 비해 책은 버려야 할 것이 그리 많지 않은

2층 전 벽면을 책꽂이로 장식한 허드슨 호텔의 라이브러리 바

편이라 쌓여가는 책장을 체계적으로 정리하지 않으면 책들을 유용하게 볼 수 없고, 필요한 책을 찾을 때마다 시간도 낭비된다.

책장을 정리할 때 가장 기본적인 생각은 책장에서 책 제목이 눈에 잘 보여야 한다는 것, 그리고 꺼내고 넣기 쉬워야 하는 것, 이 두 가지다. 책은 필요할 때마다 쉽게 찾을 수 있어야 하는데 특히 책장에 어느 정도의 여유 공간이 있어야 꺼내고 넣을 때마다 불편하지 않다. 나는 책을 꽂을 때 꼭 세워서 꽂지만은 않는다. 칸을 구분하기 위해, 또는 수납을 위해 눕혀서 쌓기도 하는데, 이런 모양이 나름 책장의 디스플레이에도 변화를 준다.

책을 정리할 때 또 한 가지 요령은 분야별로 나누어 꽂아두는 것이다. 우리 집의 경우 역사, 경제, 에세이, 시집, 여행, 미술, 음악 등으로 구분해서 누구나 찾아보기 쉽게 꽂아놓았다. 책을 꽂고 남은 공간에는 자잘한 소품들을 진열하는데 책장 칸이 나뉘어 있으니 소품들마다의 개성을 잘 살릴 수 있어 더욱 좋다.

수납의 기술 5_아이 방

아이 방은 연령에 따라 수납 형태가 다를 수 있다. 취학 전 아이의 방이라면 장난감 중심의 수납이 필요하므로 주로 바구니나 사각 박스들이 유용하다. 특히 작은 장난감이 많은 여자 아이들의 경우 속이 비치는 플라스틱 용기에 구분해서 담아두면 아이 스스로 정리하는 것은 물론 찾는 것도 쉽다. 초등학생은 책장과 옷장도 필요하지만 저학년일 때는 다양한 준비물들이 많으므로 서랍

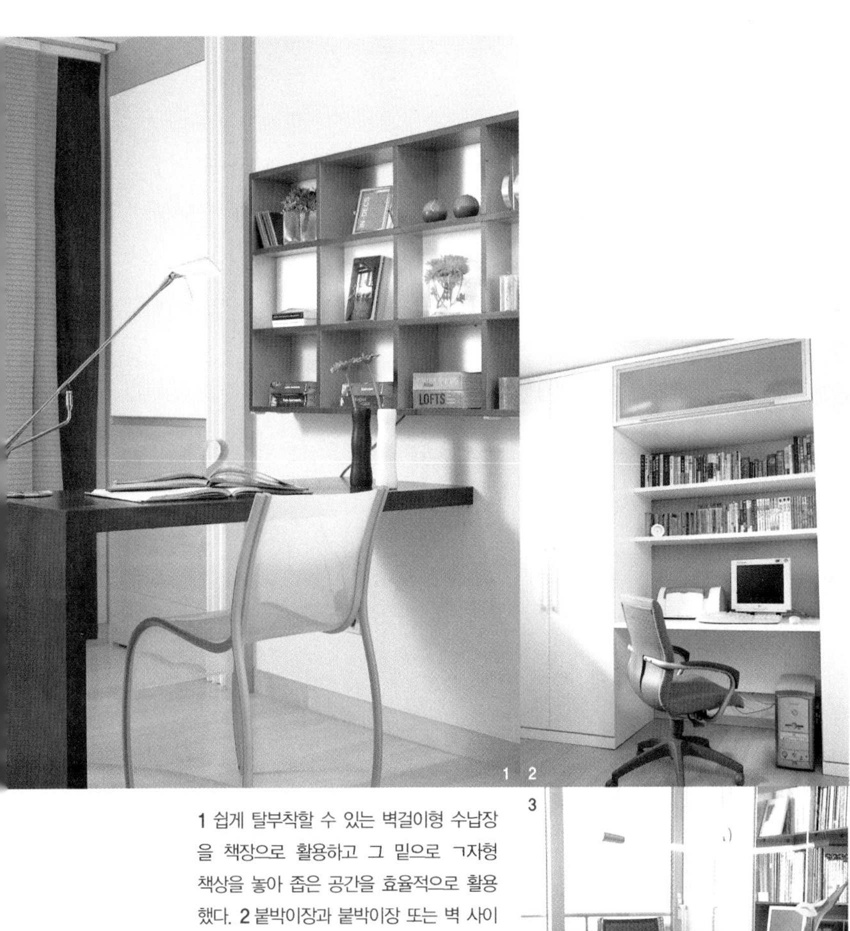

1 쉽게 탈부착할 수 있는 벽걸이형 수납장을 책장으로 활용하고 그 밑으로 ㄱ자형 책상을 놓아 좁은 공간을 효율적으로 활용했다. 2 붙박이장과 붙박이장 또는 벽 사이에 책상용 선반을 달고 의자를 놓아두면 순식간에 서재 공간으로 변신한다. 책상 위쪽으로도 선반을 짜넣어 수납공간을 넓혔다. 3 공간에 여유가 있을 경우 책상을 벽에 붙이지 않고 방 가운데에 놓으면 시야가 답답하지 않고, 책상 앞뒤를 모두 활용할 수 있어 좋다.

이나 칸이 많은 선반들이 필요하다. 우리 아이가 초등학생일 때는 아이 방의 [illegible] 수납공간이 부족하다 보니 침대 밑에 플라스틱 사각 상자를 넣어두고 운동 관련 용품과 학교 준비물들을 보관했다. 이때도 상자를 넣고 꺼내기 편하게 주변을 정돈해 줘야 한다.

특히 아이 방은 많은 물건이 쌓여 있어서 정리가 잘 되지 않기 때문에 작아져 사용할 수 없는 옷과 신발, 그 외 책이나 장난감 등은 일 년 단위로 과감히 정리해야 한다. 나는 아이의 추억거리로 꼭 남겨두고 싶은 물건들은 잘 보관하고, 학교생활 물품들은 수시로 체크하여 남겨둘 물건이 아니면 필요한 친구들에게 넘겨주어 요긴하게 쓰도록 했다. 특히 3월과 9월 새학기가 되기 전에 아이와 함께 방을 정리하는 작업은 아이가 새로운 기분으로 한 학기를 맞는 좋은 시간이 된다.

아이가 중학생 이상이 되면 참고서 같은 책들이 많아져 책을 수납하는 공간이 부족할 수 있으므로 기존 책장과 어울리는 책장을 하나 더 마련해 두는 것이 좋다. 우리 아이는 고등학생이 되어 와이셔츠에 넥타이를 매는 교복을 입게 되었다. 특히 넥타이는 잘 보관하지 않으면 구겨지거나 어디 두었는지 몰라 찾아 헤맬 수 있는데 아이 방 옷장 속 벽 한쪽에 고리를 붙여 걺으로써 깔끔하게 해결했다. 아이들의 모자나 가방들도 옷장 벽에 고리를 붙여서 걸어두면 일일이 찾아주는 수고를 하지 않아도 된다. 그 밖에 학교를 다니면 프린트물들이 많아지므로 아이 방 한쪽 벽에 큰 마그네틱을 붙일 수 있는 판을 설치해 주면 유용하다.

작은 소품이라도 정리하기에 따라 너무나 달라 보이기 마련이다. 특히 철제 바구니를 벽에 매달아 여러 가지 색의 털실을 수납한 아이디어는 아이 방에 응용해 볼 만하다.

아이들 방은 처음에는 같이 도와주면서 아이 스스로 정리할 수 있도록 정리 요령을 알려주고, 차츰 혼자 하도록 해야 한다. 이렇게 하면 아이도 정리를 잘 하는 어른으로 커갈 수 있고, 엄마도 아이 때문에 사소한 정리를 하는 데 시간을 빼앗기지 않아도 되니 좋다.

봄 방학이 끝나 학교에 데려다 주면서 아이가 묵는 기숙사 방을 가본 적이 있다. 예상보다 꽤 깔끔하게 정리되어 있어서 "역시 엄마를 닮았어. 정리 너무 잘 돼 있다!"라고 말했더니 "아니에요. 정리 안 하면 방학 때 기숙사를 못 떠나요"라고 하는 게 아닌가. 아들은 나를 닮지는 않았나 보다.

수납의 기술 6_욕실

욕실은 먼저 타일의 수납이 중요하다. 아무 무늬도 이니셜도 없는 순백색과 자연색의 타월을 좋아해 현관과 가까운 욕실에는 순백색의 타월을, 침실에 있는 욕실에는 내추럴한 색의 타월을 정갈하게 쌓아두는 것으로 나의 욕실 수납은 시작된다. 지금은 로고가 없는 제법 괜찮은 타월을 부담없는 가격으로 살 수 있지만 예전에는 시중에서 구할 수 없어 동료 디자이너 서너 명과 함께 타월 공장에 주문해서 쓰기도 했다.

부엌에는 같은 모양의 식기나 유리 제품들이 여러 개씩 있는 것과는 달리 욕실은 모든 물건들의 크기가 제각각이니 높낮이를 구분해야만 작은 공간에도 효율적으로 수납할 수가 있다.

이사하고 수납을 하면서 구하기 어려웠던 수납용품 중에는 좁은 욕실 수납장 안에 넣을 칸막이도 있었다. 여러 마트와 숍으로 수없이 찾아 헤맨 끝에 마침내 알맞은 것을 찾아내서 마음에 꼭 드는 욕실 수납이 가능했다.

욕실도 다른 수납과 마찬가지로 보이지 않게 넣고 쓸 것과 겉으로 드러나도 좋은 것을 구분해서 수납하는 것이 좋다. 비누용품이나 욕실에서 쓰는 오일 종류는 예쁜 바구니에 넣어 보이는 곳에 놓아두고, 여분의 치약이나 욕실용품 등은 수납장에 차곡차곡 정리해 넣어둔다. 이렇게 깔끔히 수납된 욕실에 약간의 센스를 발휘해 녹슬지 않는 로맨틱한 촛대 같은 소품들을 한두 개쯤 놓아둔다면 한결 아늑하고 돋보이는 욕실이 될 것이다.

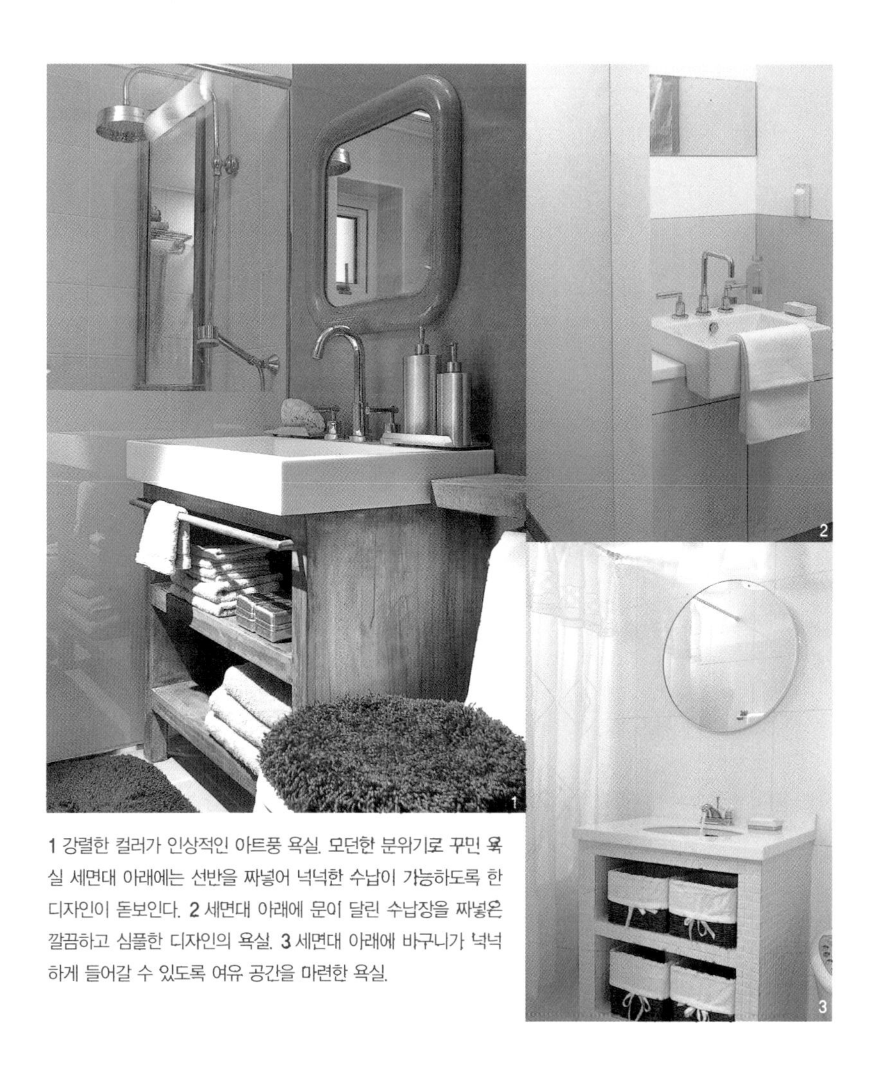

1 강렬한 컬러가 인상적인 아트풍 욕실. 모던한 분위기로 꾸민 욕실 세면대 아래에는 선반을 짜넣어 넉넉한 수납이 가능하도록 한 디자인이 돋보인다. 2 세면대 아래에 문이 달린 수납장을 짜넣은 깔끔하고 심플한 디자인의 욕실. 3 세면대 아래에 바구니가 넉넉하게 들어갈 수 있도록 여유 공간을 마련한 욕실.

수납의 기술 7_현관

현관은 가족이 매일 드나드는 장소이면서 때로는 손님들을 맞이하는 곳이기도 하고, 신발이나 우산, 열쇠 등 항상 필요한 물건들을 두는 곳이기도 하다. 아침저녁으로 가족이 드나들 때 상쾌한 기분을 느낄 수 있고, 손님들에게는 좋은 첫인상을 줄 수 있도록 현관은 항상 깔끔하게 정리되어 있어야 한다. 요즘은 대부분 현관에 신발장을 겸한 수납장이 있는데 그 안을 효율적으로 활용하면 항상 깔끔한 현관을 유지할 수 있다.

큰 신발장의 경우 앞뒤 칸을 모두 쓸 수 있는 회전식을 설치하면 봄 · 여름과 가을 · 겨울을 구별해서 정리할 수 있고, 우산도 넣을 공간이 있어 좋다. 짧은 우산은 장 안에 고리를 달아 매달아 두고 여러 종류의 열쇠도 고리를 활용해 매달아두면 항상 편안하게 찾아 쓸 수 있다.

우리 집은 그 밖에 식물 촉진제나 모기약, 다림질에 필요한 물건들까지 이곳에 보관하므로 칸막이가 있는 수납용품을 넣어서 칸칸이 정리해 두고 사용한다. 이처럼 현관의 수납장은 딱히 장소를 정하기 애매한 물건들을 두기에 안성맞춤인 곳이지만 어수선해지기 쉬운 공간이기도 하므로 꾸준한 수납 정리가 필수다.

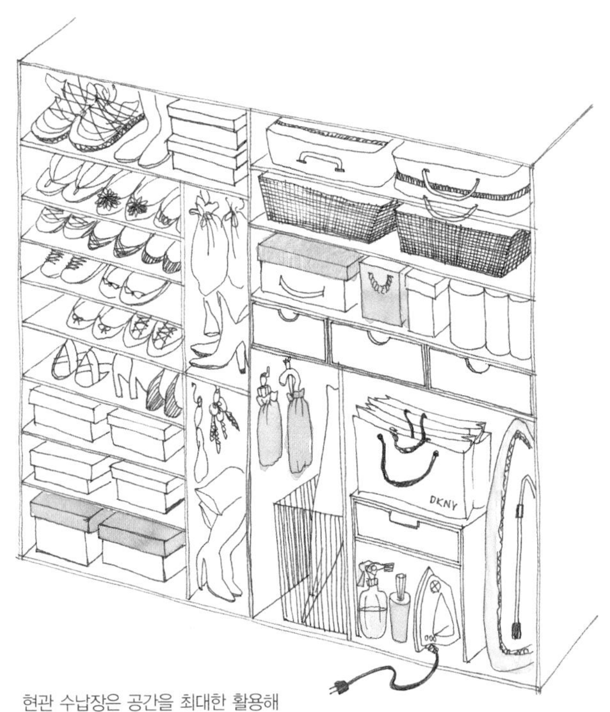

현관 수납장은 공간을 최대한 활용해
넉넉하게 만들어야 신발 외에 다양한 물건들을
넣어둘 수 있다. 특히 부츠, 박스, 우산 수납 등
용도에 맞게 칸을 나눠 짜넣는 것이 좋다.

내가 좋아하는 인테리어 스타일

마음에 드는 옷을 골라서 입고, 거기에 스카프를 하거나 옷에 어울리는 액세서리를 매치하는 것은 집을 꾸미는 데커레이션과 같은 맥락으로 볼 수 있다.

옷을 입을 때 정장을 세트로 입기도 하고, 단품을 이리저리 코디네이션해서 입기도 하는 것처럼 집의 인테리어 역시 누가 봐도 정갈한 느낌으로 한 세트를 이루도록 하는가 하면, 좀 더 캐주얼한 느낌으로 변화를 줄 수도 있다. 이렇게 데커레이션에 들어가는 패브릭이나 가구, 소품들을 어떻게 코디하는가에 따라 집 안의 분위기는 크게 차이가 난다.

내가 좋아하는 인테리어 이미지가 정리되려면 잡지나 카탈로그에서 보았거나 그동안 다녀보았던 멋진 공간에 대한 기억, 또는 보관하고 있던 인테리어 사진들이 좋은 자료가 된다. 좋아하는 스타일이 완성되었을 때 그 공간이 정말로 편하고 멋있어지려면 감각적이고 세련된 것을 구분할 줄 아는 안목이 필요하다.

그동안 본 잡지나 그 밖의 정보들에서 아이디어를 얻고 또 그것을 실행하는 것은 그리 어려운 일이 아니지만, 스타일이나 색상이 진정 내가 좋아하는 것인지 아니면 단순히 유행을 따라 결정한 것인지를 잘 생각해야 한다. 때로 다소의 시행착오를 겪더라도 용기를 내서 하나씩 꾸며가다 보면 주부의 개성이 드러나는 우리 가족만의 편안하고 훌륭한 공간이 완성된다.

당신은 어떤 스타일을 좋아하나요?

신혼 초 패션 디자이너로 일하던 시절, 나와 비슷한 시기에 결혼한 같은 나이의 동료가 있었다. 디자이너들은 보통 자기 스타일을 많이 고집하는 게 특징인데 한번은 공교롭게도 시어머니와 며느리 간의 사소한 사건을 우리 두 사람 모두 겪게 되었다.

그때는 추운 겨울이어서 동료는 당시 한창 유행하던 동물 모양의 실내 털 슬리퍼를 남편 것과 본인 것 두 쌍을 샀다. 그런데 시어머니께서 털이 빠지고 위생적이지 않으니 실내에서 신지 말라고 하셨지만 부부는 계속 그 털 슬리퍼를 신고 다녔다. 어느 날 회사를 다녀오니 털 슬리퍼 두 쌍이 나란히 현관 밖에 나와 있었다고 한다. 당연히 시어머니께서 내놓으신 걸 알면서도 다시 들고 들이기 싫었던 동료는 결국은 시어머니와 최악의 상황이 되어 분가를 했고 시어머니의 생신날도 찾아뵙지 않는 상황까지 가게 되었다.

비슷한 시기에 나도 어느 날 우리 침실에 꽃무늬 베개 두 개가 나란히 놓여 있는 것을 보고 참으로 당황스러웠다. 우리 침실의 가구와 침구류는 모두 모노톤의 무지들로 되어 있었는데 꽃무늬에 레이스가 달린 베개라니……. 같은 꽃무늬에 레이스라도 내가 좋아하는 스타일과는 많이 달랐다.

"베갯속이 몸에 좋은 것으로 되었다더라."

나는 몸에 좋다는 말은 귀에 들어오지도 않았고, 내가 싫어하는 모양의 꽃무늬 베개를 베고 자야 하는 것이 괴로웠다. 그렇지만 우리를 위해서 사셨을 것을 생각하니 도저히 거부할 수 없어 어쩔 수 없이 시어머니와 사는 동안은 써야만 했다. 베개의 무늬가 그리 중요하냐고 생각할 수도 있겠지만 나는 어울리지 않는 옷을 억지로 입고 중요한 자리에 가 있는 것만큼 심각했다. 그러나 가정의 평화를 위해서 겉으로 드러내진 못하고 함께 사는 8년 동안 시어머니의 스타일대로 살 수밖에 없었다.

집은 상황에 따라서 내가 원하는 대로 꾸려지지 않을 때도 많다. 지나고 나서 생각해도 슬리퍼 사건으로 인해 최악의 상황까지 치닫게 된 동료보다는 가정의 평화가 우선이라고 생각한 내 판단이 참 다행이었다고 생각한다.

이처럼 하고 싶은 것을 하지 못할 때도 있고 갖고 싶지 않은 것을 내 방에 두어야 하는 경우도 있었지만 그때는 그 안에서 서로 양보하면서 행복할 수 있었다. 아마도 멀지 않은 미래의 나의 집을 꿈꾸었기 때문일 것이다.

누구에게나 좋아하는 스타일이 있다. 그런 스타일은 옆에서 누군가 강요한다고 바뀌지 않는다. 자신이 좋아하는 인테리어 스타일은 언제나 좋아 보이고 언젠가는 그렇게 꾸미고 싶다는 소망을 갖게 한다. 그런데 사실 모든 사람이 자신이 좋아하는 스타일을 잘 알고 있지는 않다. 내가 어떤 스타일을 좋아하는지 발견하는 것은 또 하나의 새로운 나를 발견하는 것과 같다.

스타일이란 그렇게 몸에 배어 있는 것으로 없던 스타일이 갑자기 생기지는 않는다. 천부적으로 감각을 타고난 사람이 있는가 하면, 노력해야 하는 사람도 있다. 천부적이지는 않더라도 이런 감각은 자신이 좋아하는 사소한 것들에 대해 관심을 갖는 것에서부터 시작된다. 자연스럽게 자신만의 스타일을 발견하고 자신의 것으로 만들어가는 과정은 그래서 흥미롭고 재미있다.

인테리어에서 라이프스타일에 맞는 용도와 기능 다음으로 중요하게 고려하는 것이 바로 스타일 콘셉트다. 옷을 입을 때 자기만의 스타일이 있는 것처럼 집에도 사는 사람의 모습이 그대로 반영되어 있다. 나는 모던과 심플을 중요하게 생각하지만, 집이기 때문에 꼭 있어야 하는 포근한 느낌과 편안함이 함께 믹스되는 것을 좋아한다. 특히 내추럴 모던natural modern, 시크 프로방스chic provence, 네오클래식neoclassic 등 세 가지 콘셉트를 가장 선호한다.

항상 우리 집은 '모던 심플 & 내추럴'이 기본이다. 원래는 좀 더 내추럴하고 빈티지한 스타일을 좋아하지만 지금까지의 아파트 생활에서는 포기해야 하는 부분이 많았다. 대신 오래 가지고 있을수록 가치를 더하는 소품들을 활용해서 나의 개성을 발휘하곤 했다.

내가 꿈꾸고 있는, 더 이상 서울의 복잡한 도심에서 살지 않아도 되는, 그때는 아마 한적한 교외에 내 집을 지으며 이런저런 아쉬웠던 것들을 해소할 수 있으리라 기대해 본다.

이미지 맵 활용하기

인테리어 공사를 할 경우 세부적인 디자인을 정하기 전에 원하는 스타일의 이미지 맵을 만들어보는 것이 좋다. 이미지 맵은 자신이 좋아하는 스타일의 인테리어 사진이나 재료 샘플 등을 커다란 보드에 붙여보는 것인데 스타일별로 나누어 정리하다 보면 자신의 취향도 잘 파악할 수 있다.

이렇게 자신만의 스타일을 찾다 보면, 모던이나 클래식 등 한 가지 방향으로만 정해지기도 하고 믹스된 스타일이 좋아지기도 한다. 이럴 때는 고민하지 말고, 우선 기본이 되는 스타일을 결정한 다음 포인트로 다른 스타일을 가미하면 보다 효과적으로 표현할 수 있다. 이런 경우 기본 스타일에 상반되는 스타일을 믹스하는 것이 훨씬 세련되어 보인다.

1, 2 시크 프로방스 스타일 프랑스 남동부 와인 산지 마을의 소박한 아름다움을 좀 더 감각적으로 연출한 프로방스 스타일이다. **3, 4 내추럴 모던 스타일** 장식적이지 않고 심플 모던한 공간에 내추럴한 가구나 패브릭, 소품들을 함께 연출하여 따뜻함을 가미한 스타일이다. **5 네오클래식 스타일** 화려함의 극치였던 로코코와 바로크에 대한 반발로 고대의 단순함을 추구한 스타일. 클래식을 모던하게 해석한 것이 콘셉트다.

_ 인테리어에만 한정 짓지 말고 잡지나 내가 여행 중에 찍은 사진, 또는 인터넷 홈페이지의 여러 정보 중에서 좋다고 생각되는 사진들을 모아본다. 인테리어 외 패션, 자연, 예술 등 어느 방면의 사진이라도 내가 좋아하는 분위기면 모두 모은다.

_ 크고 작은 사진들을 모은 뒤 큰 보드에 골라서 올려놓는다.

_ 바로 붙이지 말고 며칠 동안 여러 번 들여다보면서 빼고 싶은 것은 과감히 없애고, 다시 넣고 싶은 사진은 추가하면서 원하는 이미지만을 모은다.

_ 처음엔 이것저것 붙이게 되지만 시간이 지나면서 결국 자신이 좋아하는 이미지의 사진들만 남게 된다.

_ 마지막으로 최종 남은 사진들을 잘 배치해서 붙인다. 붙일 때 이미지가 확실한 사진은 크게, 세부적인 것들은 작게 붙인다.

_ 완성된 보드에 제목을 붙여 마무리한다.

영화를 보면서 인테리어를 구상한다

자신의 스타일을 알고 나면 이제 세부적인 디자인을 정할 수 있다. 나는 작업을 하면서 영화에서 본 인상적인 인테리어 이미지를 많이 떠올리며 참고하는 편이다.

특히 〈순수의 시대〉라는 영화는 1870년대의 뉴욕 상류 사회가 배경으로 빅토리안 스타일의 로맨틱한 분위기를 한껏 느낄 수 있어 사람들에게 항상 권하는 편이다. 당시의 인테리어 데커레이션과 꽃, 그리고 푸드 데커레이션까지 클로즈업으로 보여주고 있어 한 번 보는 것으로는 부족할 정도로 볼거리가 많다. 요리를 서빙하는 장면에서는 아름다운 도자기와 요리의 조화가 거의 예술에 가까우며 식탁이 나오는 장면에서 보이는 테이블 세팅은 눈을 뗄 수 없게 한다.

〈순수의 시대〉가 미국의 상류 사회를 배경으로 한 반면 BBC의 미니 시리즈 〈오만과 편견〉은 영국의 평범한 가정과 상류 사회를 배경으로 또 다른 인테리어 스타일을 경험하는 재미를 준다. 엠파이어 스타일의 의상은 물론이거니와 평범한 가정과 상류 사회 가정의 대조적인 데커레이션, 그리고 파티 장면들에 나오는 화려한 소품들이 참 아름다웠다.

영화 〈로맨틱 홀리데이〉에서는 서로 다른 스타일의 집들이 등장한다. 우선 여자 주인공 중 한 명인 캐머런 디아즈가 사는 LA의 집은 인테리어와 가구, 그리고 소품에 이르기까지 전체적으로 심플하면서 모던한 스타일이다. 모노톤을 기본으로 거실의 티 테이블 위에 낮게 꾸민 사각 화분들이 금방 잡지에서 튀어 나온 것만 같다. 또 한 명의 여자 주인공인 케이트 윈슬렛이 사는 영국 런던 근교의 예쁜 오두막집은 LA의 모던한 집과는 확연하게 다른 콘셉트로 사랑스럽기까지 하다. 소박하면서 내추럴한 케이트 집에 머물던 주인공 캐머런 디아즈의 세련된 패션이 절제된 인테리어와 절묘하게 매치된다. 그 밖에도 전형적인 캘리포니아 주택과 런던의 평범한 중산층 집이 함께 등장해서 그 모습들을 비교해 가며 보는 재미가 쏠쏠하다.

나는 이처럼 영화 속에서 본 집이나 또는 여행을 다니며 본 호텔, 레스토랑의 인테리어, 리빙 잡지의 스타일리시한 사진들을 공간별로 구분한 후 내가 살고 싶은 각각의 공간을 머릿속에서 그려나간다. 실제로 전문가에게 설계를 맡기기 전에 이런 과정을 충분히 갖고 준비해야만 자신이 원하는 인테리어를 완성할 수 있다.

변화와 리듬감을 주는 포인트 데커레이션

우리는 옛날 스타일에서 디자인의 아이디어를 많이 얻고 있다. 패션이나 인테리어의 유행을 선도하는 디자이너들도 끊임없이 클래식한 것에서 새로운 것을 찾아내곤 한다. 인테리어의 유행을 얘기할 때, 빅토리아 시대의 로맨틱 스타일, 네오클래식의 재해석, 아르 데코의 재발견 등은 수시로 등장하는 테마들이다.

이처럼 예전에는 한 가지 스타일로 일관하는 것을 당연하게 받아들였지만 요즘에는 상상 외의 인테리어 재질이나 가구들을 믹스 앤 매치시켜 가며 전체 인테리어에 새로운 느낌을 주고 있다.

기존 가구를 재배치하고 거기에 생각의 틀을 깬 새로운 스타일의 가구나 소품만 조화시켜도 얼마든지 실내 분위기를 바꿀 수 있다는 것이다.

가구를 배치할 때는 먼저 주변의 색이나 무늬, 높이를 고려해야 한다. 사각 소파는 거실에 편안함과 친근감을 주지만 다른 것들에 비해 높이가 많이 낮아서 그 위에는 액자 등 중심이 되는 데커레이션을 해주어야 안정감이 있다. 또한 단순한 디자인의 소파에 색상이나 무늬가 있는 의자를 매치시켰을 때는 소파 위에 포인트가 되는 쿠션을 놓아 균형을 맞춰주는 것이 좋다.

소파에 앉았을 때 자연스럽게 눈길이 가는 정면 벽이나 사이드 벽이라도 면적이 넓은 부분은 데커레이션으로 강조하면 좋다. 모든 곳에 비슷한 비중으로 장식을 하면 밋밋해 보이기 쉽다. 특히 내가 좋아하는 코너에 독특한 가구나 소품으로 강조하여 공간에 변화와 리듬감을 주는 것도 센스 있는 데커레이션이 된다.

넓어 보이는 것이 좋은 것만은 아니다

경우에 따라 꼭 넓어 보이지 않아도 좋은 곳이 있다. 어느 장소나 꼭 넓어 보여야 하는 것도 아니거니와, 넓은 공간을 물건으로 가득 채워서 작게 만들 필요도 없다. 우리 집의 다이닝 룸은 보통 6인용 테이블을 놓을 수 있는 공간이지만 나는 아홉 명이 충분히 앉을 수 있는 긴 테이블과 의자를 배치해 좁아서 불가능하리라

1 차분한 프로방스 분위기에 쿠션으로 컬러 포인트를 주었다. 2 쿠션 하나라도 연결감이 있도록 세심한 주의를 기울인 노력이 엿보인다. 3 소파 위의 쿠션 컬러와 벽 장식, 윙체어, 하이체어를 통일시켜 전체적인 조화를 이루고 있다. 4 내추럴한 분위기에 포인트로 스트라이프 무늬의 침구와 의자를 매치시켜 캐주얼한 느낌을 더했다.

는 염려에도 성공적인 공간을 만들어냈다. 이럴 때 실패하지 않는 방법은 모눈종이에 집을 그대로 축소해 옮겨놓고 내가 배치하고 싶은 가구를 여러 번 그려보는 것이다. 그리다 보면 미처 생각지 못한 좋은 아이디어가 떠오른다. 아이디어가 떠오르지 않으면 잡지 등에서 원하는 스타일의 사진을 찾아 참고하면서 수없이 그려본 후 새로 살 가구를 결정한다.

이때 현관에서 거실의 소파까지, 부엌에서 거실을 지나 베란다까지의 동선이 가능하면 직선이 되도록 가구를 배치하는 것도 잊지 않는다. 아무리 짧은 거리라도 가구와 가구 사이를 미로처럼 돌아가야 한다면 여기저기 부딪쳐 거추장스럽고 쓸데없는 시간이 소요된다. 어떤 장소든 가능한 한 동선이 짧고 쉽게 움직일 수 있도록 하는 것이 중요하다. 가족들이 자주 다니는 장소는 여유를 두고, 침실은 그다지 넓은 방이 아니라면 최소한의 통로만을 남기는 것이 좋다. 이때 유의할 점은 가구들 사이에 꼭 필요한 공간이 어느 정도인지를 고려해야 한다는 것이다. 집에는 보통 가족들만 있는 시간이 대부분이기 때문에 통상적으로 얘기하는 것보다는 조금씩 좁아도 크게 지장이 없다.

넓어 보이는 것이 좋다고 해서 텅 빈 듯한 느낌이 좋은 것만은 아니다. 적절하게 가구를 배치해 필요할 때 유용하게 사용하는 것이 그저 넓게만 보이는 것보다 좋다.

소품들이 모여 집 분위기를 바꾼다

영국 런던에서 기차로 한 시간 떨어진 곳에 있는 콘스탄스 스프라이 플라워 스쿨, 이곳에 처음 갔을 때 나는 영화에서만 보던 장면들을 현실에서 그대로 느낄 수 있었다.

작고 소박한 학교와 기숙사의 드넓은 정원, 나무 계단을 통해서 걷는 학교 뒤의 오솔길과 늪지대, 작은 도로를 따라 걷다 보면 느닷없이 나타나는 크고 화려한 저택들……. 모두가 그냥 스쳐 지나갈 수 없는 광경들이었다. 주말에는 걸어서 30분 걸리는 마을에 매주 나가 마을 한쪽에 자리 잡은 앤티크 숍을 구경했다. 한 달 내내 둘러보면서 작은 국자 두 개와 소금 용기, 스푼 두 개만 샀지만 영화 속의 한 장면들이 떠올라 소품들을 구경하는 것만으로도 행복감에 젖곤 했다.

그렇게 구입한 소품들을 포함해 몇 년 전 독일의 소비재 박람회에 갔다가 엄청난 무게를 감수하고 들고 온 유리 블록 램프, 미국 여행 때 사 온 중고 선풍기와 시계들, 그 밖에도 가는 곳마다 하나씩 사 가지고 온 촛대들과 부엌 살림들, 남편으로부터 선물받은 라디오와 오디오들은 내가 평생 동안 간직하며 사용하게 될 나의 인테리어 소품들이다. 또 이런 소품들은 우리 집을 보다 푸근하게 만들어주는 소중한 물건이기도 하다.

집은 차가운 느낌을 주어서는 안 된다고 생각하기 때문에 데커레이션 소품들의 역할에 많은 비중을 두는 편이다. 이런 소품들 하나하나가 집 안 전체 분위기를 바꿔주는 만큼 소품들은 눈에 잘

1, 2 파리에서 사온 촛대와 액세서리 정리용 소품들 3 오래전 미국 여행 때 사온 선풍기. 이젠 장식품으로 더 많이 사용하는 소품이 되었다. 4 모던한 공간에 아기자기한 빈티지 느낌의 소품들로 매칭해 놓는 것도 멋진 조화가 될 수 있다. 5 여행 때 가지고 다니는 가죽 케이스 시계와 시간이 지나 낡을수록 더 좋아지는 전화기. 모두 우리 집에서 빼놓을 수 없는 소중한 소품들이다.

띄면서도 주위의 가구나 분위기와 어울리게 디스플레이해야 한다. 마음에 드는 물건들을 마구 늘어놓는 것만으로는 멋진 디스플레이를 할 수가 없다.

소품을 고르고 데커레이션하는 것 모두 자신의 감각과 스타일이 되므로 좋은 인테리어들을 관심 있게 보고 참고하면서 자신만의 스타일을 표현해 보자.

꽃 한 송이로도 근사해지는 집

나는 여행을 갈 때마다 내가 좋아하는 아티스트들의 작품을 실제로 감상하거나 그들의 발자취를 접할 수 있는 곳을 애써 찾아가는 편이다. 그중에서 후기 인상파 화가 클로드 모네의 집은 무척 인상적이었다. 특히 정원이 아름다운 모네의 집은 작품 속 배경과 작가의 삶이 한껏 묻어나 있었다.

프랑스 파리에서 서쪽으로 75킬로미터 떨어진 곳, 버스로 한 시간 조금 넘게 가면 작은 마을 지베르니가 나온다. 1883년 젊은 시절 모네가 노르망디 지방을 여행하다가 우연히 발견하고 거처를 옮긴 곳이다.

1 보디 호텔의 뒤뜰에 있는 아틀리에 **2** 모네의 집 전경
3 모네의 집 옆에 있는 카페. 소박하게 꾸민 모습이 정겹다.

버스를 타고 기찻길과 강을 끼고 달리며 내다보는 경치도 놓칠 수 없거니와 다리 위에는 풍성하게 꽃으로 장식된 걸이화분hanging basket이 줄지어 늘어서 있어 지베르니로 가고 있는 나를 환영해 주는 듯한 착각에 빠지게 한다. 이렇게 버스로 가지 않을 때는 파리의 생라자르 역에서 지베르니 역까지 열차를 타고 가곤 했는데, 우리 집 거실 벽에 걸린 생라자르 역의 흑백사진을 볼 때마다 그때를 추억하곤 한다.

모네의 집은 온갖 꽃들이 자연스럽게 피어 있어, 숲 속 같은 정원 모습이 아름답고 편안한 느낌을 준다. 호수에 피어 있는 연꽃을 보는 것도 이곳을 찾는 즐거움이다.

모네의 집 외에도 지베르니에는 볼거리가 한 가지 더 있는데 바로 지베르니학파의 옛 여인숙 보디 호텔Hotel Baudy이다. 주로 미국의 화가들이 머물던 곳으로 지금은 옛날 모습 그대로 1층에 레스토랑이 운영되고 있다. 레스토랑에 전시된 그림들을 감상하며 뒷문을 통해 나가면 꾸미지 않은 듯한 소박한 정원과 운치 있는 화가들의 작업실이 그대로 보존되어 있다.

여행지에서 이런 아름다운 정원과 풍경들을 보고 돌아오면 꼭 정원이 있는 집에서 살아야겠다는 생각뿐이다. 하지만 도시생활 속에서 그 꿈을 이루기란 쉽지 않다. 그런 정원은 먼 훗날 전원생활에서나 가능하지 않을까. 지금은 집 안에 다양한 자연 소재들을 가져와 데커레이션하는 것으로 그 즐거움을 대신한다.

가끔씩 뉴욕에 머무르는 동안 그리 긴 기간은 아니었지만 나

1 2
3

1 거실 한쪽 코너에 꾸민 바닷가를 연상시키는 자연 소품들이 시원한 느낌을 준다. **2** 투명한 유리 화기에 하얀 모래 넣고 꽃이나 식물을 꽂아 모던한 느낌을 살렸다. **3** 알뿌리 튤립과 이끼로 장식한 작은 유리 화분들을 여러 개 줄지어 놓는 것만으로도 훌륭한 장식 효과가 된다.

는 그곳에서조차 집 안에 동네에서 주워온 예쁜 돌멩이, 꽃 한 송이라도 가져다 놓으려고 했다. 그 결과 뉴욕의 황량한 방 한 칸에서 소박한 자연 소재만으로도 난 행복하게 즐기며 지낼 수 있었다. 이렇게 우리의 공간에 자연을 들여오는 것은 거창하지도 어려운 일도 아니다. 우리 주변에도 실내에 자연을 독특하게 데커레이션한 집들이 많이 있다. 화분을 늘어놓는 것 외에도 실내에서 자연을 즐길 수 있는 센스 있는 아이디어는 무궁무진하다. 검정 또는 흰색 돌이나 모래, 바닷가를 연상시키는 조개껍데기들과 함께 서양란이나 선인장 등 심플한 디자인의 식물들만으로도 꽤 근사한 연출이 가능하다.

인테리어를 돋보이게 만드는 플라워 데코

나는 금요일마다 집 안에 꽃을 꽂곤 한다. 주말이면 좀 더 많은 시간을 집에서 보내는 가족을 위해서 때로는 두세 송이, 때로는 한 다발, 조금 특별한 날은 더 많이 꽂는다. 그렇지만 여러 가지 꽃을 섞어서 꽂지 않는다. 워낙 심플한 스타일을 좋아하기 때문에 집 안에 꽃을 꽂을 때는 한 가지 꽃만을 주로 쓰고 특별한 경우에도 많은 꽃을 섞어서 쓰지 않는다. 꽃을 주제로 강의를 할 때는 여러 가지 형태나 색상의 꽃으로 변화를 주어 다양하게 장식하지만 집에서는 내가 좋아하는 스타일로만 장식하게 된다. 꽃을 많이 사용하지 않다 보니 일주일에 만원 정도만 있으면 남편과 아이가 앉는 식탁에, 거실 테이블과 사이드 테이블에도 꽃을 꽂아둘 수 있어 좋다.

우리의 삶에서 꽃은 모든 꾸미는 것의 마지막 한 점이라고 할 수 있다. 꽃이 우리 생활에 주는 활력이란 상상 이상이다. 내가 원장으로 6년간 있었던 '까사 스쿨'에는 많은 여성들이 꽃을 배우기 위해서 찾아왔다. 미래가 불분명해서 고민하다 오는 20대, 아이가 조금씩 커가면서 자신의 정체성을 찾기 위해 오는 30대, 아이들이 커버려 더 이상 엄마를 찾지 않게 될 때 느끼는 괴리감으

LA에서 활동하는 Mako The Flower Girl의 작품들.
한 송이씩 꽂은 화병을 일렬로 또는 자유롭게 배치하는 아이디어가 감각적이다.

로 고민하다 오는 40대 등 나는 꽃 강의를 통해 다양한 연령층의 여성들과 만나왔다.

특히 결혼한 여성들은 남편이 사회적으로 성공해 자리를 잡아가는 데 반해 본인은 뒤처지는 기분이 들어 찾아오는 경우도 있다. 그들은 한 달 두 달 꽃을 접하고 배우다 보면 모두 밝은 표정으로 바뀌고 점점 자신감을 회복하는 것을 가르치는 입장에서도 확연히 느낄 수가 있었다. 꽃을 알게 되면서 본인의 삶이 바뀌고 가족들도 즐거워한다면 그것보다 더 좋은 일이 어디 있을까.

우리 집 선반 위에는 열두 개의 똑같은 유리꽃병이 늘어서 있다. 어떤 날은 세 송이만, 기분이 내키면 열두 개의 병에 한 송이씩 다 꽂기도 한다. 간단하게 꽃을 즐기는 방법은 다양하다. 꽃은 그 자체만으로도 아름답기 때문에 반드시 풍성하고 그럴듯한 꽃꽂이만 좋은 것이라 여길 필요가 없다.

몇 년 전 파리의 포시즌 호텔 로비와 정원에서 본 플라워 데커레이션은 나에겐 가히 충격적이었다. 화려한 클래식 인테리어에 모던한 디자인의 꽃으로 공간에 포인트를 주었는데 반복과 크기의 변화만으로 최고의 감각을 발휘한 모습에 반하고 말았다. 그 후로 학원 수강생들을 동행해 유럽 전시회를 갈 때면 꼭 파리의 포시즌 호텔에 들러 내가 느꼈던 감동을 함께 나누곤 한다.

꼭 넓은 정원이 아니면 어떤가? 내 가까이 꽃 한 송이만 있다면 그것으로도 충분하다. 마음속의 넓은 정원은 나중으로 미루더라도 지금 당장 꽃 한 송이를 꽂을 수 있기를 바란다.

PART 03

주변 인테리어에 관심을 가져라

나는 콘셉트가 있는 곳이 좋다. 그래서 우리 집 꾸미기 못지않게 스타일 좋은 곳을 찾아가서 보는 것도 매우 좋아한다. 당장에 못 가보는 곳은 메모해 두었다가 언젠가는 꼭 가서 보고야 만다. 또 내가 봐서 좋았던 곳은 가족이나 동료, 후배들에게 입이 닳도록 얘기해 주고 함께 가보기도 한다. 이렇게 하는 가장 큰 이유는 남들보다 많이 보고 듣고 느낀 사람이 자신의 스타일을 보다 잘 찾아내기 때문이다.

학원 수강생들과 유럽으로 라이프스타일 전시회를 보러 가는 경우가 가끔 있는데 여행을 끝내고 돌아와 사진들을 서로 나누어 가지면 참 재미있는 현상이 벌어진다. 인테리어 디자이너는 주로 가구와 공간을, 패브릭 디자이너는 커튼이나 침구류 등을, 꽃을 배우는 수강생은 주로 꽃을, 요리를 배우는 친구는 테이블 세팅을 찍어오는 것이다. 모두 함께 같은 장소에 갔다 왔는지 의구심이 생길 정도다. 그만큼 우리는 자신이 관심을 갖고 있는 것을 그 관심의 정도만큼 본다. 그래서 다양하게 관심을 가진 사람만이 많은 것을 볼 수 있고, 그것이 바로 자신만의 스타일을 만들 수 있는 기반이 되는 것이다.

아무리 감각을 타고난 사람이라 해도 좋고 싫은 것들을 정리하고, 다듬어가는 과정을 거쳐야 나보다 앞선 전문가의 것을 보면서 세련된 것과 그렇지 않은 것을 구별할 줄 아는 판단이 생기게 되는 것이다. 그렇게 직접 찾아다니며 본 곳들 또는 책이나 인터넷으로 접하는 정보들은 내가 집을 꾸밀 때나 일을 할 때 충분히 활용되고 있다. 관심을 갖고 많은 것을 보고 느끼는 것은 자신의 스타일을 찾는 지름길이다.

디스플레이의 원칙

•디스플레이의 테마를 정한다.
정해진 테마에 맞지 않는 것은 과감히 제외한다.

••형태는 여러 가지가 있지만, 쉽게 할 수 있는 것은
삼각형이나 좌우 대칭 정도면 충분하다.

•••스타일과 색에 통일감을 준다.
이런 모든 과정에서
장식에 대한 욕심을 버리는 것이 중요하다.

고정관념을 뒤엎은 모델하우스

다양한 인테리어를 보러 다니기 좋아하는 내가 종종 갈 때마다 실망을 느끼고 불만스러운 곳이 있는데 바로 우리나라의 아파트 모델하우스다. 투자 가치나 위치도 중요하지만, 실제로 우리가 들어가서 살아야 할 공간이 가장 중요하지 않을까 싶다. 그러나 이 부분에 대해서는 모든 모델하우스가 천편일률적인 모습을 보여준다. 평수와 상관없이 클래식과 고급이라는 이름의 인테리어 디자인과 데커레이션으로 완성되고, 입주자의 취향은 살필 수 없게 되어 있다. 그러니 원하는 스타일로 꾸미려면 새 집이라도 뜯어내고 고치는 슬픈 현실에 직면하게 된다.

얼마 전 아는 분의 집 공사를 의뢰받아 아파트 모델하우스를 함께 보러 가게 되었는데, 예상 밖의 인테리어를 보게 되었다. 보통의 아파트는 과도한 인테리어 장식과 획일화된 이미지 월, 입주할 사람의 개성을 일관되게 만드는 강한 색상, 거기에 과다한 가구나 커튼 장식들로 꾸며진다.

그런데 이번에는 모델하우스에 갖고 있던 나의 생각을 완전히 뒤집는 공간이 내 앞에 펼쳐졌다. 평형별로 입주할 사람의 라이프스타일(정서, 습관, 취미 등)을 연상해 인테리어해 놓은 것도 인상 깊었지만, 디스플레이 부분은 3년 뒤 입주할 소비자의 몫으로 남겨둔다는 것이 가장 공감이 갔다. 알고 보니 인테리어 디자이너 마영범 씨가 디자인하고 기획한 내용이었다.

장식적이지 않은 데커레이션과 최소의 디스플레이 가구만을 배치한 공간, 기능적인 디자인을 제공한다는 취지가 마음에 드는 아파트 모델하우스였다.

아파트에 입주할 때면 이미 내부 공사가 완벽하게 끝나 있어 자신이 원하는 스타일로 모두 바꾸기는 힘들다. 전부 고칠 경우 추가 공사비도 만만치 않고, 기존 인테리어를 뜯어내는 것도 불필요한 자재 낭비가 되기 때문이다. 나 역시 아파트에 들어갈 때마다 리모델링 공사를 했는데, 많은 공사비를 지불하면서도 모두 만족될 만큼 고칠 수는 없었다. 그러므로 개인의 취향을 넣어 꾸밀 수 있도록, 즉 크게 공사를 하지 않아도 될 만큼의 콘셉트를 가지고 아파트를 지었으면 한다.

물론 작은 아파트라면 좀 더 수납과 기능적인 면이 충족되어야 하고, 30평대라면 아이와 함께 생활하는 공간이 늘어나야 하며, 40평대 이상이라면 개인의 취미 공간이나 여유로운 라이프스타일에 맞춘 디자인이 기본이 되어야 할 것이다.

앞으로는 많은 아파트들이 그러한 바탕 위에 입주 후에도 충분히 각자의 개성이 담긴 공간으로 쉽게 바꿀 수 있도록 보다 융통성 있는 공간으로 지어지길 바란다.

20평대 _ 전체적으로 모던 내추럴한 콘셉트에 오렌지와 그린 컬러를 포인트로 연출하고 거실과 다이닝 룸의 공간을 분할해 주는 파티션이 기능적인 20평대 아파트. 싱글 또는 20대 부부를 위한 디자인이다.

사진 제공 : 대림 e 편한 세상

30평대 _ 내추럴한 소재와 모노톤을 사용하고 재료의 사용을 줄이면서 수납공간을 극대화시킨 36평 아파트. 중간 톤의 컬러가 따뜻함을 주며 어린 자녀를 둔 책읽기 좋아하는 30대 후반의 부부를 위한 디자인이다.

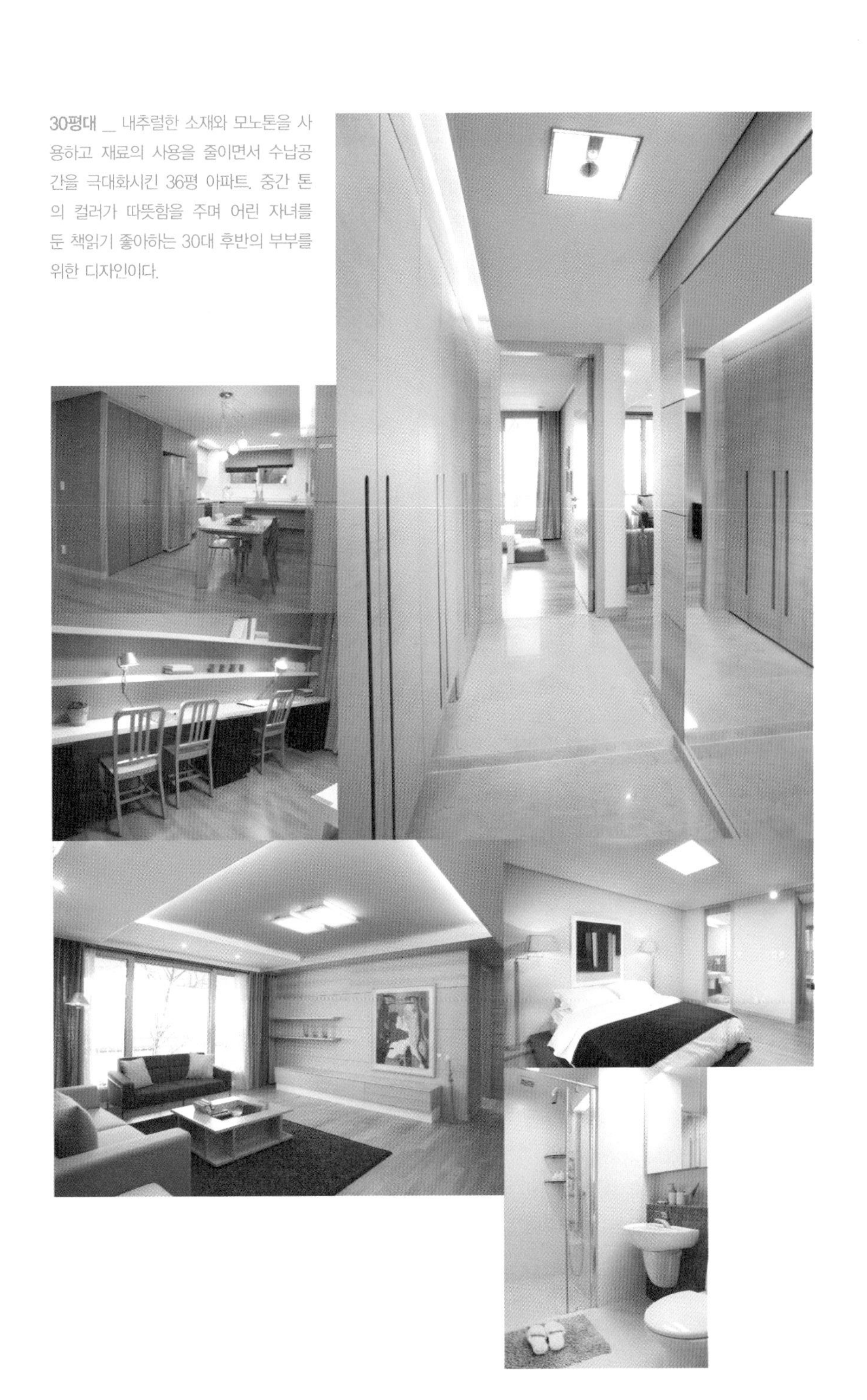

50평대 _ 내추럴하면서 예술품을 포인트로 장식한 거실, 일자형의 키친 배열과 빌트인 시스템이 눈에 띄는 50평대 아파트. 컬렉션에 관심 많은 40대 이상의 부부를 위한 디자인이다.

그들만의 세 가지 개성을 엿보다

여러 나라를 여행하면서 친구들 집을 방문해 보면 고급스러운 집은 고급스러운 대로 소박한 집은 소박한 대로 각각 그 나름의 개성이 느껴져 부러운 마음이 들곤 했다. 특히 단층 또는 2층 집인 경우가 많아, 공간적인 구분도 상당히 독특했다.

근래에 방문했던 멕시코 로살리토의 집은 작은 수영장이 있는 1층 주택이었다. 꽤 넓은 거실에 소파가 양쪽 벽에 놓여 가운데 공간을 잘 활용할 수 있게 한 가구 배치가 돋보였고, 멕시코 특유의 에스닉한 타일을 사용한 아치 장식이 참 인상적이었다. 더욱이 아티스트이기도 한 친구가 직접 그린 그림들이 분위기를

넓은 거실에는 테이블을 사이에 두고 양쪽 벽에 서로 다른 분위기의 소파를 배치한 점이 눈에 띈다. 멕시코 특유의 타일 장식과 액자, 그에 어울리는 쿠션 등으로 에스닉한 분위기가 물씬 풍긴다.

더욱 이국적으로 와 닿게 했다. 이곳의 특징은 정돈되지 않은 듯 하면서 질서가 잡힌 여유로움 그 자체가 아닐까 싶다. 맘이 편해지는 집, 내가 항상 꿈꾸는 집이기도 하다.

그 밖에 인상 깊었던 미국 친구들 집도 있다. 비벌리힐스에 사는 이란계 미국인 샤힌의 집은 꽤 높은 곳까지 차를 타고 올라가야 했다. 정갈하게 꾸며놓은 길을 지나 집에 도착해 안으로 들어가니 거실 정면으로 시원하게 탁 트인 잔디 정원이 눈에 들어오는 낭만적인 집이었다. 키친과 다이닝 룸이 구분되어 마치 독특한 레스토랑에 온 듯한 착각을 일으키게 만들었다. 집 안 곳곳에는 아기자기한 소품들이 많이 놓여 있었는데 이 집 부부는 가구 하나, 액자 하나 어떻게 놓을지에 대해 항상 서로 의견을 주고받는 등 데커레이션에 관심이 많았다.

한편 뉴욕 최고의 번화가인 맨해튼 링컨 센터 근처의 아파트에 사는 후배의 집은 34층에 있어서 맨해튼이 한눈에 들어오는 멋진 전망을 가지고 있었다. 일본에서 자란 남편과 함께 트라이베카에서 일본식 레스토랑 '로산진'을 운영하는 그녀의 집은 거실에 붉은 벽을 만들고, 다이닝 룸에는 핑크 벽을 만들어 컨템퍼러리 모던 스타일의 개성이 넘쳐흘렀다. 거실 벽에는 가구 색상과 잘 어울리는 액자를 배치해 안정감을 주었다. 다이닝 룸과 별도로 넓은 거실의 한쪽에 사각 테이블을 배치하고 또 다른 벽면에 작은 테이블과 의자 한 개를 배치해 간단한 작업을 하는 공간으로 이용하고 있었다. 서재는 주로 남편의 공간이었으나 아마도

인상적인 예술품으로 장식한 거실과 레스토랑 같은 모던한 스타일의 다이닝 룸이 있는 비벌리힐스의 집. 고급스럽고 세련된 분위기가 느껴지는 곳이다.

작은 테이블에서 그녀의 사무적인 일이 처리되고 있는 듯했다. 모던한 공간 속에서 부부 각 개인의 공간 활용이 돋보였다.

이렇게 집은 그곳이 어디이든 사는 사람의 개성과 스타일이 묻어나고 그들의 생활이 보이기 마련이다. 그러니 이왕이면 의미 없이 놓여진 대로 살 것이 아니라 자신의 스타일을 찾아 만족스러운 이 세상 유일한 공간으로 꾸며가는 것이 좋지 않을까.

레드 컬러와 액자를 포인트로 준 맨해튼 친구 집. 멋진 전망을 갖고 있는 넓은 거실에는 소파 외에 테이블과 의자를 다양하게 배치하여 작업 공간으로 활용하고 있었다.

여행지에서 만난 최고의 호텔

아이가 잘 커주는 것 다음으로 살아가면서 가장 바라는 게 있다면 자유롭게 여행을 하는 것이다. 나는 직업 특성상 운 좋게도 보통 여성들보다는 여행을 많이 하면서 살아왔다. 여행지에서의 체험을 통해 많은 것을 얻을 수 있다는 사실은 항상 설레는 마음을 갖게 한다.

현명한 여행자들이 가장 중요하게 생각하는 것 중 하나는 마치 나의 집에 있는 것같이 편히 쉴 수 있는 공간이다. 바쁜 도시에서 벗어나 한가로운 여행지의 휴식과 여유, 그리고 낯선 숙소에 머무는 즐거움……. 그렇기에 여행지에서 호텔 즐기기는 빼

1 토스카나 지방의 전형적인 인테리어로 꾸민 빌라 피티아나 호텔의 클래시컬한 게스트룸 2 차분한 분위기의 침실에 옐로 컬러로 포인트를 주고 침구와 러그, 의자 컬러를 매치시켜 통일감을 주었다. 3 룸에서 내려다보이는 아름다운 전망. 자연 경관과 블루 컬러의 수영장, 화이트 정원 가구가 산뜻한 조화를 이룬다. 4 빌라 피티아나는 고성을 개조한 호텔로 저녁 무렵 아치형 복도로 연결되는 정원의 아름다운 조명이 특히 인상적이다.

놓을 수 없는 일이다. 호텔은 '집이 아닌 또 다른 집 Home away from Home'이다. 이런 개념을 선도한 호텔 기획사 이안 슈레거는 기존의 호텔 개념에서 과감히 탈피해 세계적인 인기를 얻고 있는 부티크 호텔을 선보였다. www.ianschragercompany.com 보통 부티크 호텔은 감각적인 라이프스타일과 패션의 중심이 되며 조금은 캐주얼 느낌이 드는 호텔을 말한다.

주머니 사정상 묵을 수 없는 고급 부티크 호텔도 나름 즐길 수 있는 여러 가지 방법이 있다. 먼저 로비부터 시작해 레스토랑이나 바 등을 일단 둘러보고 아름답게 꾸며놓은 화장실에 들러 그곳 인테리어도 보고, 시간이 넉넉할 때는 레스토랑에 앉아 차라도 한 잔. 그렇지 않은 경우라면 잠시 로비의 편한 의자에 앉아 쉬기만 해도 호텔의 분위기는 충분히 느낄 수 있다.

이런저런 조건이 나에게 맞는 곳은 잠자는 것부터 시작해서 홀을 빌려 파티까지 할 수 있는 호사스러움을 누릴 수 있다. 이탈리아 피렌체 근교의 호텔인 빌라 피티아나 Villa Pitiana가 그런 대표적인 곳이다. www.villapitiana.com

우리 가족 셋이서 몇 년 전 여름방학 여행 중에 처음 간 빌라 피티아나는 그리 크지 않은 고성을 개조한 고풍스러운 호텔이었다. 외관도 그렇지만 우리가 묵었던 객실의 인테리어나 가구들이 낡은 모습 그대로 남아 있어 푸근했다. 특히 웬만한 호텔에서는 볼 수 없는 것, 낡고 둥근 계단을 올라가면 나오는 중층이 있었다. 아침에 눈을 떠서 삐걱거리는 계단을 살살 걸어 내려와 열린

창문을 통해 토스카나 지방의 드넓은 들판과 산을 바라다보며 왕비가 된 듯한 착각에 빠졌던 곳이다. 그리고 올리브나무가 가득한 비탈진 정원을 산책하는 기분이란 말로 표현할 수가 없다.

결국 다음해에 같이 일하는 후배들과 당시 까사 스쿨의 수강생들을 그곳으로 데리고 다시 찾아갔다. 저마다 인테리어 콘셉트가 다른 방에서 묵으며 모두들 즐거워하는 모습이 행복해 보였고, 여행의 마지막 밤에는 거울이 있는 홀을 빌려 우리들만의 파티를 즐겼다. 나는 한국을 떠나기 전 미리 호텔에 연락해서 메뉴도 정하고 그곳의 유명한 플로리스트에게 꽃 장식까지 부탁해 놓았다. 꽃과 양초로 장식된 거울 방에 모인 우리들은 소믈리에가 직접 서빙하는 와인과 음식을 즐기며 행복한 시간을 보냈다. 이렇게 다양한 방법으로 보고 싶었던 곳, 새로 발견한 멋진 곳들을 살펴보고 나면 그 기억들은 내 일상의 삶과 일에 든든한 밑거름이 된다.

다음에 소개하는 호텔들은 그동안 여행을 하면서 인테리어가 인상 깊었던 곳들과 꼭 가보고 싶은 아름다운 호텔들을 모아 놓은 것이다. 책에서 다룬 것 외에 많은 자료들이 각 호텔 홈페이지에 있으며, 사진은 주로 각 홈페이지의 'visual tour' 나 'photo gallery' 라는 코너에 있다. 'press' 에는 주로 잡지에 실렸던 화보들이 들어 있다. 뉴욕, 파리, 런던, 모로코 등 세계 유명 호텔들의 인테리어를 간접으로나마 계속 보다 보면 자신의 안목 또한 높아지는 것을 느낄 것이다.

믹스 앤 매치 스타일
샌더슨 호텔Sanderson

영국 런던에 있는 모간스 호텔 그룹인 샌더슨 호텔은 필립 스탁이 벽지와 마감재를 생산하던 공장을 개조한 곳으로, 초현실주의 콘셉트와 디자인으로 믹스 앤 매치의 진수를 보여준다. 호텔의 전체적인 인테리어는 모던하면서도 클래식과 모던한 가구들로 유니크하게 꾸며져 있다. 리셉션의 한쪽에는 작지만 매혹적인 꽃 장식이 눈길을 끌고 로비와 홀 곳곳에 화이트의 패브릭을 둘러 차가운 느낌의 모던함에 따뜻한 온기를 불어넣고 있다. 저녁이면 런던의 스타일리시한 마니아들이 모이는 롱 바Long Bar에서 칵테일 한잔하고 바와 연결되어 있는 나무와 물이 풍부한 정원으로 나가면 이곳저곳 촛불이 밝혀져 한껏 분위기를 살려준다. **www.morganshotelgroup.com**

1 식물, 물, 돌 등을 조화롭게 구성한 테라스 가든. 내추럴한 소재를 모던하게 연출한 데커레이션이 돋보인다. 2 입술 모양의 소파가 인상적인 샌더슨 호텔의 로비 3 상당히 강렬한 디자인의 의자를 일렬로 길게 배열한 샌더슨 호텔의 롱 바. 데커레이션에서 반복은 상당한 파워가 있다.

갤러리처럼 볼거리가 다양한

세인트 마틴스 레인 호텔Saint Martins Lane

"스타일 감각이 살아 있는 자유로운 공간을 보여주고 싶었다"는 필립 스탁의 디자인 콘셉트처럼 넓은 로비에서 객실에 이르기까지 모든 공간을 마치 갤러리와 같은 가구 배치를 해놓아 볼거리가 다양하다. 극도의 모던함에 클래식과 내추럴, 거기에 빈티지까지 다양한 스타일이 함께 공존하고 있다. 한 코너에는 4미터나 되는 거대한 꽃병에 간결하고 풍성한 꽃 장식으로 눈을 떼지 못하게 한다. 특히 이곳은 호텔계의 대가 이언 슈레거가 재미를 주는 호텔이어야 한다는 생각을 실현하기 위해 필립 스탁의 유니크한 인테리어 디자인 감각을 도입한 대표적인 곳이다. 특히 로비 한쪽에는 1800년대 빅토리아 시대를 연상시키면서도 모던한 느낌이 살짝 가미된 암체어에 내추럴과 빈티지 느낌이 나는 통나무 테이블 여러 개를 배치시켜 변화와 리듬감이 돋보이는 공간이 있다. 의자의 개수만 조절한다면 우리 집의 한쪽 공간에도 가능하지 않을까 싶다.

www.morganshotelgroup.com

1 작은 통나무 테이블을 여러 개 배치한 호텔의 한 쪽 코너. 2 모던하면서 군더더기 없이 심플하고 깔끔한 세인트 마틴스 레인 게스트룸. 좁은 공간을 활용하기 위해 창가에 가늘고 긴 테이블을 놓은 센스가 돋보인다. 3 모던한 공간에 네오클래식 스타일의 가구로 포인트를 준 로비

1 거대한 벽 정원이 아름다운 퍼싱홀 정원 카페 2 클래식을 심플하게 표현한 퍼싱홀 호텔 입구 3 모노톤의 내추럴한 소재에 포인트 색을 사용해 깔끔한 분위기를 연출하고 있는 침실

거대한 벽 정원이 인상적인 퍼싱홀 호텔 Pershing Hall

파리의 퍼싱홀 호텔은 상상을 초월하는 거대한 벽 정원이 아름다운 곳이다. 처음 이곳에 갔을 때는 조금 이른 오전 11시였는데 자리에 앉으니 눈앞의 벽 전체가 무성한 하나의 정원이었다. 12시 정각이 되니 의식하지 못하고 있던 천장이 서서히 걷히면서 건물 꼭대기까지 가득한 벽 정원이 펼쳐졌다. 그때 눈앞에 나타난 놀라운 광경은 지금 생각해도 가슴을 설레게 할 정도다. 이처럼 런치타임마저도 너무나 로맨틱한 퍼싱홀 호텔은 정원의 내추럴 스타일, 객실의 감각적인 모던 스타일이 인상 깊게 남아 있는 자그마한 부티크 호텔이다. **www.pershinghall.co.kr**

시대가 흘러도 사랑받는
플라자 아테네 호텔 Plaza Athénée

파리의 호텔 플라자 아테네는 일단 건물 외관 베란다에 장식한 식물과 붉은색 차양이 시선을 끌지만 문을 열고 들어서면 더한 감동이 밀려온다. 원래 콘셉트는 신전처럼 꾸며진 아르 데코 스타일이었지만 이젠 그런 클래식에서 벗어나 더욱 아름답게 꾸며져 있다. 로비의 유리를 통해 바라보이는 레스토랑의 황홀하리만치 아름다운 샹들리에, 고층까지 타고 오른 아이비 덩굴과 강렬한 붉은색 차양이 감싼 건물 중앙의 야외 카페가 감탄을 자아내기에 충분하다. 플라자 아테네의 변신은 필립 스탁의 뒤를 이어가는 차세대 디자이너 파트리크 주앵Patrick Jouin의 감각을 받아들임으로써 가능했다. 이곳의 레드가 아름다운 이유는 절제된 디자인과 색상에 포인트가 되었기 때문이 아닐까? 집을 꾸밀 때도 모든 것을 강조하면 돋보이지 않는다. 특히 아름다워 보이고 싶은 것에 포인트를 주기 위해서는 여러 군데로 시선이 분산되지 않는 강약이 필요하다.

www.plaza-athenee-paris.com
www.patrickjouin.com

1 건물 외관에서 보이는 윈도 장식들이 아름답다. 여기에 레드 컬러 차양과 화분의 반복적인 구성으로 파워풀한 모습을 연출하고 있다. 2 싱그러운 그린의 아름다운 벽 정원과 레드 컬러의 포인트가 신선한 중정 가든 카페 3 유리창 건너편으로 에펠 탑이 보이는 낭만적인 분위기의 욕실

2 3

감각적으로 아름답게 꾸민 코스테 호텔의 테라스 카페. 전체적인 공간은 클래식하지만 가구는 모던한 디자인으로 구성한 감각이 뛰어나다.

네오클래식 스타일의

코스테 호텔Hotel Costes

파리의 상토노레에 있는 호텔 코스테는 부티크 호텔 중에서도 단연 돋보이는 곳이다. 사진도 찍을 수 없을 만큼의 도도함이 홈페이지에서도 묻어난다. 실내의 바는 클래식의 진수를 보여주며 건물 중정의 가든 카페는 조각상과 푸른 자연이 어우러져 아름다움을 과시하고 있다. 낮에도 스타일리시한 파리지앵들로 붐비는 이곳에 가려면 좀 차려입고 가는 것이 기본이다. 나는 사실 클래식한 것보다는 모던한 것을 더 선호하는 편이었다. 그런데 몇 년 전 이 호텔을 다녀온 후로 '내가 좋아하는 콘셉트'에 '네오클래식'이 가장 중요하게 되었을 정도로 데커레이션에 있어서 배운 점이 많은 곳이었다. **www.hotelcostes.com**

플라워 데코가 아름다운

포시즌 호텔Four Seasons

포시즌 호텔은 17세기 궁전과 같은 분위기의 예술적인 감각이 묻어나는 클래시컬한 공간이다. 미국의 플로리스트 제프 리섬Jeff Leatham의 모던한 플라워 장식이 절묘하게 어우러져 아름다운 광경이 펼쳐진다. 몇 년 전부터 파리에 가면 꼭 들르는 곳이 되었는데 클래식 인테리어와 모던한 플라워 데커레이션의 매치가 거의 최고 수준이라고 할 수 있다. 힝싱 꽃을 아낌없이 쓰는 플로리스트들이 부럽기까지 한 이곳은 많은 여성 여행객들을 이곳으로 끌어당기는 매력이 있다. 이곳에 묵을 수 없다 해도 아침나절 잠시 들러 차라도 한 잔 마신다면 이 모든 것을 누리고 감상할 수 있다. **www.fourseasons.com/paris**

1 컨테이너 가든으로 꾸민 야외 테라스. 바이올렛 서양란을 모던한 사각 구조물과 함께 연출한 감각적인 데커레이션을 보여주고 있다. 2 클래식한 공간에 모던한 꽃 장식으로 꾸민 아름다운 포시즌 호텔 로비

낭만적인 프랑스 분위기가 물씬 풍기는

샤토 위제 호텔Chateau-uzer

파리에서 TGV로 2시간 30분 거리에 있는 프로방스 지방 아비뇽의 샤토 위제 호텔은 프랑스에서 꽤 고급 생활 잡지인 《Cote-Sud》에 소개될 정도로 세련된 프로방스의 이미지를 그대로 느낄 수 있는 인테리어와 데커레이션 감각이 뛰어난 곳이다. 최근에는 'The Little House'라는 작고 귀여운 방갈로 형태의 객실을 새로 오픈했다. 프로방스 분위기를 물씬 풍기는 둥글게 처리한 천장과 벽, 내추럴과 모노톤에 포인트 색을 사용하면서도 심플함을 유지하는 콘셉트는 내가 다음에 지을 집의 모습을 상상하게 만든다.

물론 직접 가볼 수 있다면 좋겠지만 그렇게 되지 않을 때는 홈페이지를 통해 간접 여행을 즐겨 보자. 마치 영화에서 본 장면 속에 와 있는 듯한 착각과 함께 품격 있는 라이프스타일을 엿볼 수 있다. 그러면서 자신이 꿈꾸는 집의 모습도 상상할 수 있어 여러 가지로 행복한 기분이 들게 한다. **www.chateau-uzer.com**

1 프로방스 스타일에 모던함을 추구한 샤토 위제 호텔 객실. 심플한 공간에 중간 톤의 그린 컬러로 포인트를 사용하여 감각적인 연출을 보여준다. 2 야외에 따로 지어진 유니크한 방갈로 형태의 방 안. 재미있는 외관과 통일감을 준 실내 데커레이션이 눈에 띈다. 3 시크한 프로방스 스타일은 색을 배색할 때 강한 색이라도 중간 톤을 사용하여 차분함을 보여준다.

1

2

3

소박하면서도 아름답게 꾸며진
호텔의 안쪽 뜰

유니크한 스타일로 꾸며진
프티 물랭 호텔Petit Moulin

파리의 프티 물랭 호텔은 '색채의 마술사'라고 불리는 패션 디자이너인 크리스티앙 라크루아 Christian Lacroix가 디자인한 부티크 호텔이다. 열일곱 개의 객실마다 '펑키 바로크 룩'이라는 기본 테마를 갖고 각기 다른 콘셉트로 꾸며져 있다. 이곳에 간다고 모든 객실을 다 둘러볼 수는 없으니 홈페이지에서 먼저 살펴보자. 디자이너의 유니크한 성향이 그대로 나타나는 추상적인 일러스트를 그려 넣은 벽 장식과 다양한 디자인의 가구 및 소품들로 한 편의 영화 장면들 같은 공간이 연출되어 있다. 이곳을 보면 우리 집의 한쪽 벽에 나만의 강한 이미지를 시도해 보고 싶은 마음이 샘솟는다. www.paris-hotel-petitmoulin.com

1 마리 앙투아네트도 부럽지 않은 프티 물랭 호텔의 객실 2 침대 헤드 위의 벽면을 화려하게 장식하고 있는 일러스트. 이 정도의 과감함을 보고 나면 나의 집에도 어느 정도의 용기를 낼 수 있다. 3 밤하늘을 수놓은 듯한 달과 별로 꾸며진 객실

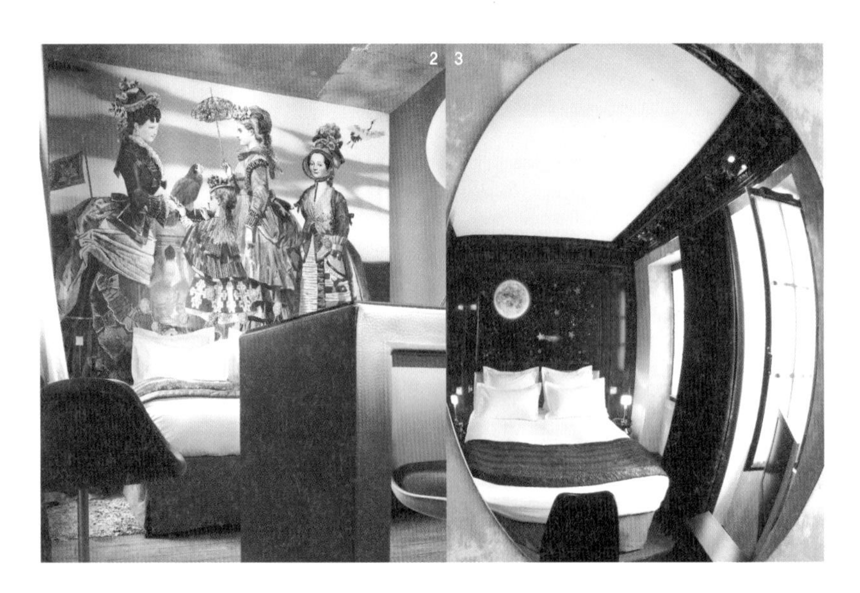

예술적인 감각이 돋보이는
허드슨 호텔Hudson

모간스 호텔 그룹인 뉴욕 허드슨 호텔 바에서의 와인 한잔도 여행에서 빼놓을 수 없는 즐거움이다. 필립 스탁이 디자인한 호텔로 모던하고 내추럴한 디자인에 예술적인 감각이 절묘하게 어우러져 환상적인 분위기가 연출되고 있다.

우선 형광색의 레몬그린 조명이 인상적인 에스컬레이터를 타고 로비에 이르면 그와는 상반된 분위기의 로비에 놀랄 수밖에 없다. 천장과 벽이 아이비로 감싸여 있고 꽤 크고 화려한 크리스털 샹들리에가 언밸런스한 화려함을 자랑한다. 로비 곳곳에서 필립 스탁의 특기인 모던과 앤티크의 믹스 앤 매치 가구 배치를 보는 재미도 쏠쏠하다. 1928년에 지어졌다는 이 건물은 YWCA 건물이기도 해서 그런지 전통 있는 대학에서 씀직한 벽돌로 꾸며져 있다. 객실 역시 낮은 천장에 그리 넓지 않은 규모, 심플하고 모던함에 클래식이 섞인 가구, 침대 옆에는 프란체스코 클레멘트Francesco Clemente가 그린 라이트 박스 등이 설치되어 예술적인 감각을 느낄 수 있었다. 여기에 테이블과 의자, 사이드 테이블은 모두 스테인리스 재질로 매치시켰는데, 이 중에 특히 서로 비슷한 꽃병 모양을 한 세 개의 의자 겸 사이드 테이블은 각각 침대 머리맡과 끝의 책상에 놓여져 있었다. 보통의 집에서도 거실이나 침실 등에 자그마한 공간들이 있기 마련이다. 그런 곳에 부담되지 않으면서 장식성이 있는 테이블 겸 의자를 배치해 두면 보기에도 좋고 비상시에 활용할 수 있을 것이다.

허드슨 바Hudson Bar는 천장에 침실과 같은 클레멘트의 작품을 전체적으로 장식하여 인테리어와 예술 작품을 매치시킨 점이 독특해 보였다. 객실과 데커레이션에 일관성을 부여한 세심함도 엿볼 수 있었다.

www.morganshotelgroup.com

1 로비 공간의 천장과 벽을 식물들로 장식하여 독특한 분위기를 연출하고 있다.
2 모던, 클래식, 내추럴, 빈티지 스타일이 믹스 앤 매치되어 있는 허드슨 바

세심한 데커레이션으로 눈길 끄는
더블유 호텔W-Hotel

뉴욕 브로드웨이의 복잡한 거리에 있는 타임 스퀘어 더블유 호텔은 젊고 스타일리시한 느낌이 더 강한 곳이다. 연인끼리 와서 앉아 있으면 좋을 만한 자리, 여자 친구들끼리 모여 수다를 떨고 싶은 자리, 비즈니스 미팅을 하기 좋은 자리 등, 그리 넓지 않은 공간에 다양하고 세심한 데커레이션이 돋보인다. 그리고 로비 중앙에 있는 몇 개의 커다란 사각 기둥에는 기하학적인 여러 형태의 동영상이 움직이고 있어 환상적인 분위기를 자아낸다. **www.whotelstheworld.com**

기둥을 사이에 두고 사각으로 배치한 소파와 다양한 무늬의 쿠션 배색이 멋스러운 W 호텔 로비

입체감이 살아 숨 쉬는
트라이베카그랜드 호텔Tribecagrand

트라이베카그랜드는 다양한 예술과 패션, 유명 레스토랑을 접할 수 있는 곳이다. 로비에는 이곳을 방문했던 유명인의 사진들을 액자로 제작해서 장식했는데, 벽에 붙이는 평면적인 디스플레이가 아닌 공간을 분할하는 파티션으로 활용해 입체감을 준 것이 새로웠다. 액자를 장식으로만 사용하지 않고 기능성을 살린 점은 사고의 틀을 깨는 좋은 아이디어로 보인다. 이곳의 객실은 거친 질감을 살린 패브릭을 벽지로 사용하고, 그 외의 패브릭도 모두 모던하면서 에스닉한 패턴의 디자인을 사용한 점이 특색 있다. 질감의 차별화와 패턴이 세련된 조화는 모던한 공간에 응용할 수 있는 좋은 자료가 되었다. **www.tribecagrand.com**

1 트라이베카그랜드 호텔만의 독특한 질감과 무늬의 패브릭이 특색 있는 침실 공간. 자칫 복잡할 수 있는 무늬 배합에 화이트 베개로 마무리하여 완성도를 높였다. 2 액자를 공간과 공간 사이의 파티션으로 활용해 서로 다른 각도에서 보이도록 꾸민 아이디어가 돋보인다.

블루, 그린 그리고 레드 컬러

그래머시 파크 호텔 Gramercy Park

뉴욕의 다운타운 유니온 스퀘어의 그래머시 공원 근처에 있는 감각적인 그래머시 파크 호텔은 유명 연예인이나 디자이너들의 사랑을 받는 곳으로 알려져 있다. 호텔의 실내에서는 좀처럼 보기 힘든 강렬한 배색을 썼다는 점과 동서양이 믹스된 로비가 독특해 보이는 곳이다. 클래식과 모던, 빈티지 느낌이 믹스된 객실은 각각 블루와 그린 컬러 방이 있고 여기에 똑같이 레드 컬러로 포인트를 주었다. 홈페이지의 사진을 통해서 봤을 때는 꽤 강렬해 보였으나 실제의 모습은 의외로 차분하고 세련돼 보여 그 명성이 이해가 되었다. 그중에서도 나는 그린 컬러 방이 좋았는데, 서로 대비가 되는 색을 과감하게 쓰면서도 절제된 모습이 인상적이었다.

www.gramercyparkhotel.com

1 클래식한 느낌을 모던한 사각의 헤드보드와 조명으로 패셔너블하게 연출한 침실 2 강렬한 색상 배합 속에서도 품위를 잃지 않는 인테리어 감각을 배울 수 있는 그래머시 파크 호텔 객실 3 모던한 인테리어에 강한 레드 컬러의 패브릭으로 포인트를 주었다. 4 인테리어에 있어 새로운 콘셉트를 보여주는 과감한 데커레이션. 유러피언 스타일의 컬러 감각과 클래식, 빈티지, 모던함이 절묘하게 어우러져 최고의 스타일리시한 연출을 보여주고 있다.

예술가의 작품을 만날 수 있는 첼시 호텔Chelsea

뉴욕 예술가들의 호텔인 첼시 호텔은 규모는 아주 작지만 예술적인 분위기로 내가 특별히 좋아하는 곳이다. 마돈나가 사진집을 찍고 오래전부터 마크 트윈, O. 헨리, 레너드 코언, 아서 밀러, 봅 딜런, 존 바이스 등 화가와 음악가 그리고 작가들이 주로 찾았다는 이 호텔은 예술가들의 활동 중심이며 이곳에 머물렀던 많은 예술가들의 작품이 곳곳에 전시되어 있다. 가난한 예술가들은 숙박료 대신 작품을 남겼다고 하는 이곳은 빈티지 느낌이 그대로 드러나는 로비와 예술 작품들만으로도 충분히 매력적이어서 뉴욕에 갈 때면 가끔씩 이곳 로비의 소파에 앉아 시간을 보내곤 한다. 첼시의 앤티크 매장도 빼놓지 않고 가는 곳 중 하나다. **www.chelseahotel.com**

선실처럼 꾸며진 객실 매러타인 호텔Maritime

매러타임 호텔은 국립 해양 박물관에 맞추어 1996년에 세워졌기 때문에 이와 같은 이름이 붙여졌으며 바다가 전체적인 인테리어 테마다. 모든 객실은 마치 선실처럼 꾸며져 있다 객실은 아담하지만, 떠들썩한 로비와 넓은 테라스가 딸린 이탈리아 레스토랑 라 보테가La Bottega 등은 인상적이다. 이 정도로 대중적인 옥외 공간을 가진 호텔은 없다고 하는데, 부티크 호텔도 고급 호텔도 아니지만 뉴욕에서 얼마 안 되는 '잘나가는 호텔'이다. 로비에는 4~5미터의 좁고 긴 내추럴 테이블과 한쪽 벽에 사다리 모양의 심플한 페치카가 있어 편안한 분위기를 만들어준다. 내가 항상 부엌이나 거실에 긴 테이블을 놓는 계기를 만들어준 곳이기도 하다.

www.themaritimehotel.com

오랜 역사를 알 수 있는 실내 인테리어와 빈티지 가구, 거기에 벽에 걸린 예술 작품들만으로 그 가치가 인정되는 첼시 호텔

1.5미터의 둥근 창으로 보이는 전망이 상당히 매력적이다.

거친 소재를 감각적으로 푼
소호그랜드 호텔 Sohogrand

뉴욕의 소호그랜드는 핑크빛 벽과 벽돌 외관이 특징적인 곳이다. 벽돌과 철제 같은 거친 소재를 감각적으로 사용하고 내부 가구나 소품 등은 내추럴 소재를 사용하고 있어 남다른 개성이 돋보인다. 이곳 인테리어는 아파트가 아닌 주택을 지을 때 참고하면 좋을 듯하다. **www.sohogrand.com**

고급 호텔의 전통성을 추구하는
리츠칼튼 호텔 Ritz-Carlton

리츠칼튼 호텔은 여러 곳에 있지만 나는 주로 자유의 여신상을 바라볼 수 있는 뉴욕의 배터리 파크Battery Park를 찾는다. 클래식과 모던함을 믹스하여 색상과 패턴을 절제하고 은은하면서도 세련된 느낌으로 연출하고 있다.

www.ritzcarlton.com

모던 클래식을 보여주고 있는 리츠칼튼 호텔 객실 안 거실. 럭셔리를 추구하는 호텔들도 이제 더 이상 클래식만을 주장하지 않으며 새로운 변화를 모색하고 있다.

모로코풍 분수와 로맨틱한 정원의
라 마모니아 La Mamounia

모로코의 최고급 호텔 라 마모니아는 이슬람 문화권에서도 최고의 화려함을 느낄 수 있는 곳이다. 건물 내부는 아르 데코와 모로코 전통 모자이크가 잘 어우러지고, 로비 곳곳에 있는 실내 분수와 물 위에 띄운 장미 꽃잎들이 로맨틱한 분위기를 연출한다. 베드 룸과 욕실 사이를 가르는 화려한 모자이크 문 장식도 시선을 끌었다. 뒤쪽 큰 정원에 있는 나무숲은 식물원에 온 것 같은 착각이 들 만큼 나무가 무성해서 아주 신선하고 상쾌한 공간이었다. 이곳의 분수가 인상 깊었던 나는 집으로 돌아와 베란다에 나름대로 분수를 만들고 초를 밝혀 로맨틱한 분위기를 연출하기도 했다. **www.ilove-marrakesh.com**

1 과감하게 직선을 도입한 건물에 모자이크 장식이 아름다운 라 마모니아 호텔 입구. 장식은 과도한 것보다 심플함과 만났을 때 더 빛난다. 2 모로코 특유의 벽 분수. 물 위에 띄운 장미 꽃잎이 주변의 여러 가지 색으로 장식된 벽면과 잘 어울린다.

스타일이 있는 세계의 레스토랑 & 숍

나는 쇼핑을 할 때 그것이 집에 관련된 것이건 옷에 관련된 것이건 일단 나의 눈높이가 가장 중요하다고 본다. 물론 경제적으로 아주 풍족해서 이 세상에서 가장 좋다는 것을 살 수도 있겠지만 가장 좋은 것이 내 집에, 내 몸에 꼭 맞는 것은 아니다.

집을 디자인할 때도 좀 더 다양한 곳에서 본 것들을 바탕으로 자유롭게 콘셉트를 잡다 보면 창의적인 나만의 공간을 만들 수 있게 된다. 그런 의미로 그동안 수없이 많이 다니며 보아오던 곳들 중에서 사고의 틀을 넓혀주고 참고가 되었던 레스토랑이나 카페, 인테리어 숍들을 소개하고자 한다.

디테일한 것들에 한정 짓지 말고 큰 이미지의 공간을 생각해 보면, 흥미로운 발상의 전환이 될 수 있다. 또 다양한 물건들 사이에서 가치 있는 것을 골라낼 수 있는 안목이 있다면 적은 돈으로도 충분히 만족을 느낄 수 있을 것이다.

느낌 좋은 테이블이 있는 카페
드뺑 The pain

뉴요커들이 많이 찾는 카페로 여러 곳에 있지만 나는 특히 ABC 카펫 & 홈 매장 안에 있는 곳을 좋아한다. 이곳에 가면 온갖 재미있는 모로코풍의 인테리어용품들이 화려하고 풍성하게 디스플레이되어 있어 시간을 보내야 할 때는 더욱 요긴하다. 카페 안에 있는 연약한 느낌의 좁고 긴 나무 테이블은 많은 이의 마음을 편안하게 만들어준다. 프레시함을 추구하는 뉴요커들이 많이 찾는 카페로 일요일 아침이면 브런치를 즐기는 가족들과 연인들로 더욱 분주해지는 곳이다.

www.abchome.com
www.painquotidien.com

중앙에 좁고 길지만 투박하지 않은 테이블을 배치한 모습이 참 편안해 보이는 카페 드뺑

럭셔리한 하바나 스타일 레스토랑
손쿠바노Soncubanonyc

뉴욕에서 새롭게 부상한 미패킹 지역에 있는 이곳은 1950년대의 하바나를 회상하며 럭셔리한 인테리어로 연출했다. 조각 타일로 꾸며진 벽과 벽 사이에 꽉 찬 액자 장식은 특히 눈여겨봐둘 만하다. **www.soncubanonyc.com**

천장에서부터 드리워진 커튼 장식이 조명과 조화를 이루어 독특한 분위기를 자아내는 곳이다.

센 강 위의 레스토랑
케 웨스트Quai Ouest

파리의 센 강 위에 떠 있는 레스토랑이다. 센 강의 다리와 다리 사이에 있으며, 외부는 마치 선착장과 같다. 강 위에 떠 있지만 지붕과 실내 인테리어는 평범한 시골집 느낌으로 창문이 트여 있는 테라스 때문에 인기가 많다. 꽤나 넓은 장소이지만 테이블이 다닥다닥 붙어 있어 많은 사람들이 한꺼번에 오는 저녁 시간에는 캐주얼한 분위기로 활기가 넘친다.

센 강 위에 떠 있는 레스토랑 케 웨스트. 넓은 공간이지만 간격을 최소화한 테이블과 내추럴하고 간단한 의자 배치로 가족적인 분위기가 느껴지는 곳이다.

모로코풍에 도회적인 감각을 곁들인 레스토랑
바부셰Babouchenyc

뉴욕 소호의 모로코풍 바부셰 레스토랑은 프렌치 무로칸French-Morocan 스티일로 꾸며져 있나. 한쪽 벽면에 패브릭을 이용해서 공간을 분할하여 모로코 특유의 장식등을 높은 천장에서부터 늘어뜨렸다. 모로코풍의 디자인을 조금 더 도회적인 감각으로 해석한 감각적인 데커레이션을 보여준다. 이런 에스닉 스타일은 우리의 생활 공간에서는 어울리기 힘든 콘셉트이지만 이곳의 인테리어가 과하지 않으면서 분위기를 잘 살리고 있다는 점을 참고한다면 응용이 가능할 것이다.
www.babouchenyc.com

아치 장식과 패브릭으로 독특한 분위기를 연출하고 있는 바부셰 레스토랑의 한 코너

모던과 내추럴이 어우러진 레스토랑

랜드마크Landmarc

뉴욕 트라이베카에 있는 모던함과 내추럴함이 잘 어우러진 레스토랑이다. 특히 낡은 벽돌 벽면에 걸린 커다란 액자를 포인트로 하고, 화이트 테이블 크로스 위에 아무렇지도 않은 듯 사용한 내추럴 색상의 종이가 한결 세련되어 보인다. 이렇게 인테리어 감각은 작은 부분에서도 발휘할 수 있는 것이다. **www.Landmarc-restaurant.com**

파벽돌과 금속 재질을 함께 매치해 외관의 스타일과 연결감을 주는 랜드마크 2층 인테리어. 내추럴한 분위기의 가구가 편안함을 준다.

세련되고 독특한 인테리어가 돋보이는 카페

봉BON

필립 스탁 디자인으로 유명한 파리의 카페이다. 수년 전이나 지금이나 같은 모습이지만 항상 가도 멋스러움이 느껴지는 곳으로 처음 그곳에 갔을 때 홀 중앙에 아름다운 꽃병과 촛대를 가득 장식한 테이블 데커레이션은 감동에 가까웠다. 특히 테라스나 정원이라고 하기에는 너무나 절제된 디자인의 야외와 이끼 벽에 기대어 있는 거대한 액자 모양의 장식이 인상적이었다. 그 후 파리에 갈 때마다 들러도 여전히 같은 모습으로 있어 항상 나를 기다려주는 것 같은 느낌이 든다. 오후 늦게 해 지기 전에 가서 어두울 때까지 있으면 패브릭으로 둘러싸인 실내에 조명과 촛불만으로도 충분히 멋스러운 분위기가 연출되는 것을 볼 수 있다. 이곳의 많은 벽을 장식한 패브릭 장식은 커튼이 단지 창문을 위한 것이 아님을 보여주고 있었다. 집 안의 인테리어에서 좀 더 안락하고 세련된 패브릭 장식을 하고 싶을 때 자주 참고하는 곳이다.

www.restaurantbon.fr

거울은 여성들이 좋아하는 대표적인 아이템으로 봉의 인테리어에서 중요한 부분을 차지한다. 거울 앞에 놓인 2인용 테이블의 반복 배치가 남달라 보인다.

모로코의 정취가 느껴지는 레스토랑

마라케시Marrakech

모로코의 마라케시에 있는 레스토랑으로 파리에도 지점이 있다. 입구부터 그 나라의 정취가 한껏 느껴지는 천막으로 된 복도를 지나면 둥근 천막이 드리워진 실내가 나온다. 모로코답게 실내는 어두우며 오로지 촛불들만이 밝기를 조절한다. 장미로 장식한 촛불이 밝혀진 계단을 따라 2층으로 올라가면 타악기 연주자가 어두운 바닥에 앉아 갖가지 악기들을 연주하는데 주변이 모두 양초 장식이다. 양초 장식은 연출하기에 따라 다양한 분위기를 자아낸다. 로맨틱함은 물론이거니와 열정적인 분위기도 느낄 수 있다.

www.ilove-marrakesh.com

세계적인 디자이너들의 소품을 볼 수 있는

모스 Moss

뉴욕 소호에는 작은 규모지만 인테리어계의 유행을 선도하는 모스라는 최고 감각의 인테리어 숍이 있다. 나는 혼자는 물론이고 누군가를 뉴욕에서 만나 안내해야 할 때는 꼭 이곳을 들르곤 한다. 가장 앞서가는 세계 디자이너들의 인테리어용품들을 컬렉션해 놓은 곳이기 때문이다.

감각적인 가구와 소품이 진열된 숍과 유명 디자이너들의 전시회가 열리는 갤러리가 함께 있고 최근 가장 이슈가 되고 있는 데커레이션용품 전시회가 항상 열린다. 지금까지의 전시회 리뷰는 홈페이지를 통해서 확인할 수 있는데 전시회 오픈식에 참석한 유명 디자이너들의 얼굴도 볼 수 있다.

모스는 세계적인 디자이너들의 소파나 의자들이 소품들과 함께 진열되어 팔리는 곳으로 크기가 서로 다른 물건들을 하나의 콘셉트로 진열한 새로운 디스플레이를 시도하고 있다. 모든 상품을 바닥에서 1.5미터 높이의 특별한 눈높이에 맞춰 일률적으로 진열해 놓았는데 사람들이 유명 디자이너의 상품들을 좀 더 품격 높은 상품으로 인식하는 동시에 친밀감 있게 느껴지도록 연출한 것이다. **www.mossonline.com**

컨트리풍 생활용품 매장

피슈스 에디 Fishs Eddy

뉴욕 다운타운에 있는 컨트리풍을 감각적으로 보여주는 생활용품 매장이다. 각각의 코너마다 브루클린, 센트럴 파크, 블루 스타 등 서로 다른 콘셉트의 제품과 디스플레이를 보여주고 있다.

www.fishseddy.com

피슈스 에디는 수납장과 나무 박스 등을 이용해 자칫 복잡할 수 있는 공간을 콘셉트별로 구분하여 디스플레이했다.

캐주얼한 패션용품이 눈에 띄는

어번 아웃피터 Urban Outfitter

젊은이들이 좋아하는 편집 매장으로 폴 스미스와는 좀 격이 다르지만 그래도 빈티지의 젊은 감각을 느낄 수 있는 곳이다. 패션용품뿐 아니라 요즘 디자인 트렌드를 잘 보여주는 캐주얼한 생활용품들도 디스플레이되어 있다. 특히 이곳의 생활용품은 점점 늘어나는 싱글라이프 젊은이들에게 잘 어울리는 아이템들로 구성되어 있으며 가격도 저렴해 손쉽게 감각적인 제품들을 구입할 수 있다. 이 매장의 홈페이지는 그냥 봐서는 평범하지만 아이콘이 움직여 아이템을 가리킬 때마다 나타나는 그래픽이 사랑스럽다. 전 세계의 매장 로케이션을 보여주는 맵 또한 직물을 짜깁기해 놓은 빈티지 스타일이다. **www.urbanoutfitters.com**

눈이 즐거운 작은 소품들로 가득한

에이비시 홈 ABC HOME

에스닉 스타일의 거대한 편집 매장이다. 아기자기한 소품을 좋아하는 우리나라 여성들이 들어가면 많은 시간을 보낼 만한 곳이지만, 이런 소품들은 포인트로만 사용하는 것이 좋을 듯하다. 이곳 제품 디자인이 좋다고 가지고 있는 소품 바꾸려면 인테리어부터 바꿔야 할 것 같다.

www.abchome.com

에스닉한 스타일의 패브릭 매장. 여러 가지 컬러나 무늬가 있어도 핑크와 네이비처럼 강조되는 컬러로 확실하게 연출하는 것이 효과적이다.

빈티지 스타일의 소품 매장

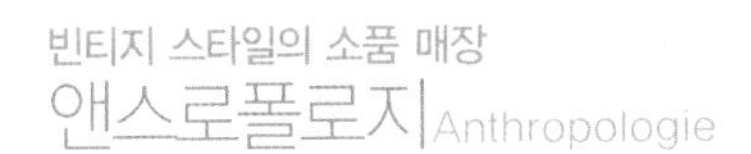

앤스로폴로지 Anthropologie

패션과 라이프스타일 관련 소품이 모두 모여 있는 빈티지 스타일의 매장으로 젊은 사람들에게 어울릴 듯한 소품들이 많다. 20대라면 꼭 한 번 해봄직한 좋은 콘셉트이니 홈페이지에서 그 분위기를 느껴보자. **www.anthropologie.com**

젊은 감각의 빈티지 소품들이 재미있게 디스플레이되어 있는 앤스로폴로지 매장

자연을 콘셉트로 한 생활용품 매장

트라이블스 Tribbles

뉴욕 트라이베카에 오로지 하나 있는 모던하고 감각적인 생활용품과 가든용품 매장이다. 세련된 소품들을 선별하고, 거기에 자연을 실내에서 쉽게 접할 수 있도록 돌, 조개껍데기, 이끼 들을 이용해 '컨테이너 가든'을 만들어 놓았다. 이곳의 화분과 꽃병 연출을 거실 테이블이나 식탁에 한 번 시도해 보면 새로운 분위기를 느낄 수 있을 것이다. **www.tribbleshomeandgarden.com**

자연 돌을 가공한 매트와 우드, 자개 재질의 볼들을 묶어놓은 라피아(지푸라기), 그리고 모던한 유리컵의 매칭이 감각적이다.

다양한 가게와 레스토랑이 모여 있는 거리

베르시 빌리지 Bercy Village

파리에서 필수로 가는 곳. 'The most Parisian Village'라는 모토로 각종 상점과 레스토랑이 한 곳에 모여 있다. 원래 와인 저장 창고였던 곳을 개조한 이곳에는 거리 양쪽으로 작은 상점들이 늘어서 있어 파리의 색다른 모습을 느낄 수 있다. 많은 가게들이 모인 거리지만 분위기를 일관되게 하기 위해서 노력한 흔적이 보인다. 눈에 거슬리는 큰 간판은 찾아볼 수 없다.

www.bercyvillage.com

2000여 개의 숍들이 있는

포토벨로 로드 마겟

Portobello Road Market

1837년부터 열렸다는 런던의 노팅힐 최대 앤티크 벼룩시장으로 다양한 앤티크 가구와 소품, 액세서리들과 그림을 파는 숍이 무려 2000여 곳이나 된다. 시장 입구에는 파스텔 톤의 예쁜 건물들이 줄지어 있고, 오래된 타자기부터 로맨틱한 분위기에 딱 어울리는 스푼과 포크 등 각종 소품들이 진열되어 구경만으로도 흥미롭다.

스타일리시한 제품만 모아놓은 콘셉트 매장

콜레트 Colette

옷, 액세서리, 문구, 가구, 소품, 화장품, 책 등 브랜드의 유명세와 상관없이 감각 만점의 스타일리시한 제품들만 모아놓은 파리의 콘셉트 매장으로서의 문화를 선도하는 곳으로 자리매김했다. 같은 매장 안 지하에는 세계 각지에서 들여온 100가지의 물을 맛볼 수 있는 '워터 바'가 있다. 이 매장의 감각은 그들의 홈페이지에서도 한껏 느낄 수 있다. **www.colette.fr**

가든용품 전문 매장

스미스 & 호켄 Smith and Hawken

뉴욕의 패션 거리 소호에서 자연을 접할 수 있는 가든용품 전문 매장이다. 이곳의 홈페이지에서는 '컨테이너 가든', 즉 화분을 이용한 가드닝의 좋은 예를 볼 수 있다.

www.smithandhawken

가든용품 전문 매장인 스미스&호켄의 입구는 정원 도구를 사용하여 매장의 분위기를 느끼게 해준다.

Shop

이그젝시스 드 스틸 아이 exercices de style[ai]

강남 가로수길에 있는 빈티지 라이프스타일 매장이다. 아티스트 출신의 부부가 핸드메이드로 직접 제작한 제품들과 그들의 아기자기한 이야기가 묻어나는 집이다. tel. 02-518-6960

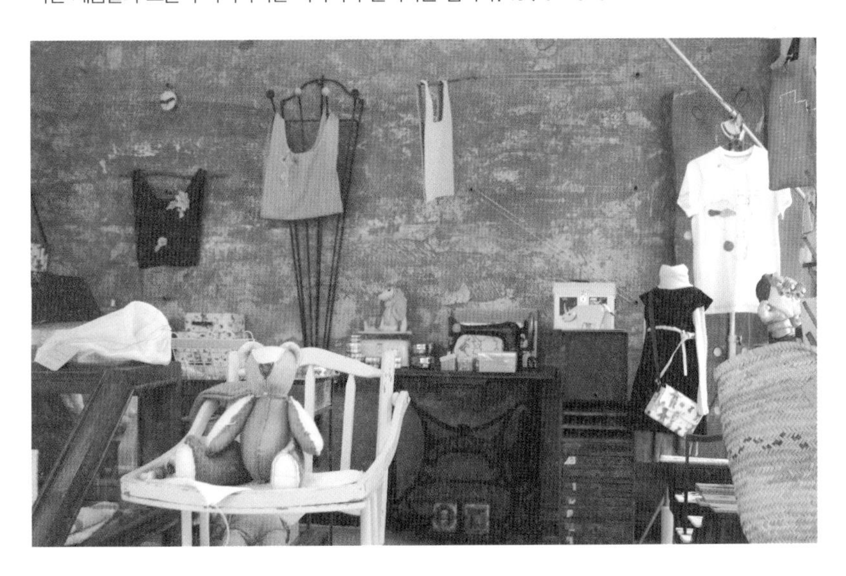

페퍼가든 홀 papergarden HALL

페퍼가든 카페 2층에 있는 내추럴 빈티지 스타일의 숍으로 전체 분위기가 스타일리시하다. 매장으로 올라가는 계단부터 멋스러운 분위기를 주는 곳이다. **www.papergarden.co.kr**

블룸앤구떼 bloom and goute

유럽의 정겨운 찻집 같은 분위기의 플라워 숍 & 케이크하우스. 빈티지 스타일의 소품들과 매장 입구 화분을 이용한 자연스러운 가드닝이 예쁘다. 감성적인 두 주인의 따뜻한 손길이 묻어나는 곳이다. tel. 02-541-1530

프로방스 Provence

그리 멀지 않은 서울 북쪽 근교에 있는 귀여운 프로방스 마을. 아기자기한 정원들과 컬러풀한 집들이 함께 어우러져 더욱 정겨운 곳이다. 내추럴 스타일의 다양한 생활 제품들이 갖춰진 숍이 있고, 여러 가지 체험도 할 수 있다.

www.provence.co.kr

하선 플라워 갤러리

Hasundeco

트렌디하고 유러피언 스타일의 꽃과 화병, 데코 용품, 크리스마스용품 등을 전시 판매하는 곳이다. 데커레이션 브랜드 DK의 제품들도 만나볼 수 있다. www.hansundeco.com

세컨드 호텔 second hotel

국내에서 가장 감각적인 소품들을 컬렉션하고 있는 곳이 아닐까 싶다. 주인이 직접 커피를 내려서 눈금이 있는 비커에 담아주는 것마저도 인상적으로 와닿은 곳이다.

www.secondhotel.com

인테리어 감각을 높여주는 책과 사이트

사실 나는 콘셉트와 분위기, 디자인을 참고하기 위해 외국 잡지나 사이트를 자주 뒤진다. 무엇보다 가장 먼저 앞으로의 트렌드를 읽을 수 있는 정보를 찾아보는 편이다. 그리고 가능하면 소품 하나하나보다는 전체적인 경향이나 분위기를 먼저 보고, 공간을 전체적으로 파악하는 것을 우선으로 한다.

디자인 아이디어는 어디서든지 발견할 수 있다. 좋아하는 예술가의 작품에서 색의 배합을 찾아낼 수도 있고, 전시회에서는 새로운 유행과 정보를 얻을 수 있다. 그러나 누구나 그런 것들을 쉽게 접할 수 있는 것은 아니기 때문에 가장 쉽게 찾을 수 있는 정보를 토대로 최소한 멋진 것과 그렇지 못한 것을 구별할 수 있는 안목을 기르는 것이 중요하다.

일반 사람들은 특히 전문가들처럼 기회가 많지 않으니 쉽게 취할 수 있는 정보를 통해서 감각을 길러야 한다. 정보 자체야 많을 수 있지만 거기서 내가 좋아하는 스타일, 그러면서도 세련된 감각을 볼 수 있어야 한다.

나는 강의를 할 때 내가 가지고 있는 정보를 알려주기도 하지만 인테리어와 데커레이션에 도움이 되는 영화를 많이 권하며 때로는 부분적으로 함께 보면서 설명을 하기도 한다. 비교적 싫어하고 좋아하는 것을 분명하게 표현하는 성격이라, 어디에서든 멋진 것을 보면 감격해서 어쩔 줄 모르고, 촌스러운 것을 보면 이것저것 마음속으로라도 꼭 고쳐본다. 가끔 돈이 좀 많았으면 싶을 때가 있는데, 촌스럽거나 어울리지 않고 조잡한 데커레이션을 보면 바꾸라고 말하고 싶지만 대부분 몰라서 못 하거나 하고 싶어도 비용을 부담스러워하니 내 돈이라도 들여서 바꿔주고 싶은 마음이 굴뚝같기 때문이다. 다음 세대들을 위해 아름다운 환경을 만들고 싶은 마음도 간절하다. 우선 난립하는 간판들 문제도 해결하고 한강 다리의 조명들도 은은한 한 가지 색으로 바꾸고 싶고, 결혼식장이나 뭐든 오픈하면 주르르 세우는 아름답지 못한 화환과 화분 문화도 바꾸고 싶다.

여기 소개하는 사이트를 한번 찾아서 보자. 직접 해외에 나가서 트랜디한 인테리어를 보지 못해도 인터넷을 통해 다양한 데커레이션 정보를 얻는 것만으로도 많은 도움이 된다. 과다한 장식과 군더더기 없는 세련되고 깔끔한 인테리어와 데커레이션을 만날 수 있다.

잡지와 방송 사이트

Better *Homes & Garden

국내에서도 잡지로는 쉽게 접할 수 있다. 하지만 이 잡지의 사이트에 있는 엄청난 양의 데커레이션 사진과 정보는 놀랄 만하다. 특히 여기에서 'HOME PLANS/TOOLS & GUIDES / Arrange-a-Room'을 들어가면 방 사이즈를 정해서 가구를 배치해 볼 수 있다. 여러 가지 방법으로 가구를 배치해 보면 좋은 아이디어를 찾아낼 수 있을 것이다. 그리고 회원으로 등록하면 수시로 보내주는 정보가 제법 쓸 만한 것이 많다. DIY나 요리 정보가 끊임없이 메일로 들어온다. **www.bhg.com**

CASA

국내 인테리어 관련 매장의 다양한 정보를 한눈에 볼 수 있는 곳 **www.casa.co.kr**

HGTV

미국에서 방송되는 인테리어와 데커레이션 프로그램을 접할 수 있는 사이트 **www.hgtv.com**

Top Design

디자이너 런 웨이(경연 대회) 프로 사이트 **www.bravotv.com/top_design**

Domino Mag

최근 가장 유행하면서 대중적인 데커레이션과 정보를 볼 수 있는 잡지 사이트 **www.dominomag.com**

Metropolitan Home

최근 유행하는 감각적이고 스타일리시한 데커레이션 스타일을 접할 수 있는 잡지 사이트 **www.methome.com**

Living etc

컨템퍼러리 모던 스타일의 실례를 볼 수 있는 잡지 사이트 **www.livingetc.co.uk**

Cote Sud

감각적인 프로방스 스타일을 볼 수 있는 잡지 사이트 **www.cotesud.fr**

Dwell
최근 디자이너들이 많이 보는 감각적인 데커레이션 잡지 사이트 **www.dwell.com**

O At Home
오프라 윈프리가 발행하는 라이프스타일 잡지 사이트 **www.oprah.com**

Inrerior Design
인테리어 디자인 잡지 사이트로 다양한 디자이너들의 작품을 접할 수 있다.
www.interiordesign.net

Interiors Korea
우리나라 인테리어 잡지 사이트로 여러 가지 국내 정보들을 만날 수 있다.
www.interiorskorea.com

Wall Paper
패션과 라이프스타일에서 가장 앞서가는 최신 정보를 볼 수 있는 잡지 사이트
www.wallpaper.com

인테리어 정보 사이트

Inter Fashion Planning
패션과 라이프스타일의 트렌드를 콘셉트로 제안하는 정보 사이트 **www.ifp.co.kr**

Idees
라이프스타일의 트렌드를 콘셉트로 제안하는 사이트 **www.lgchem.co.kr**

Get Decorating
1만 7000개의 인테리어 사진 자료가 있는 사이트로 비회원이 볼 수 있는 부분도 많이 있다. **www.getdecorating.com**

디자이너/가구 사이트

Karim Rashid
가구, 인테리어뿐 아니라 패션에까지 많은 영향을 미치고 있는
유명 디자이너의 사이트로 그동안의 작업을 모두 볼 수 있다.
www.karimrashid.com

Ian Schrager
부티크 호텔의 선두주자로 새로운 호텔 문화를 이끌어가는
이언 슈레거의 메인 사이트 **www.ianschragercompany.com**

Vitra
유명 건축가와 디자이너의 작품들을 접할 수 있는 사이트.
'Vitra Museum'도 함께 찾아볼 것 **www.vitra.com / www.design-museum.de**

FAB Architecture
모던한 스타일의 건축가와 디자이너들의 작품을 볼 수 있는 사이트
www.fabarchitecture.com

Armani Casa
패션 디자이너인 아르마니의 모던한 데커레이션을 느낄 수 있는 사이트
www.armanicasa.com

Jonathan Adler
유니크하고 컬러풀한 데커레이션과 가구, 소품들을 볼 수 있다.
www.jonathanadler.com

DWR
유명 디자이너들의 소개와 그들의 작품을 볼 수 있어
우리 눈에 익숙한 가구나 소품의 출처를 알 수 있다. **www.dwr.com**

Bisazza
타일을 이용한 다양한 데커레이션 작품을 볼 수 있는 곳
www.bisazza.com

Ingo Maurer
천사등으로 유명한 조명회사로 뛰어난 디자인 감각을
사이트에서 느낄 수 있다. **www.ingo-maurer.com**

Harbor View Antiques
앤티크 가구의 정보를 볼 수 있는 사이트로 클래식 가구 데커레이션을
참조할 수 있다. **www.harborviewantique**

Old Good things
전형적인 앤티크 가구 사이트 **www.oldgoodthings.com**

Ask Jeeves

영국의 이미지가 많은 사이트 **www.askjeeves.co.uk**

Madelain Gray

프로방스 이미지 사진 모음 **www.madelaingray.com**

Design Addict

여러 디자이너들의 가구와 정보를 참고할 수 있는 사이트 **www.designaddict.com**

Organizing My Home

다양한 수납 아이디어를 볼 수 있는 사이트 **www.organizingmyhome.com**

VELOCITY

모던한 가구 브랜드로 홈페이지의 'Press'에서 그동안 잡지에 실린 화보를 볼 수 있다.
www.velocityartanddesign.com

Bo Concept

모던한 공간의 가구 배치를 참고할 수 있다. **www.boconcept.com**

Ligne roset

전 세계 체인점을 골고루 찾아다니며 볼 수 있어 많은 아이디어를 얻을 수 있다.
www.ligne-roset.com

Dedon

야외용 가구와 데커레이션 사이트 **www.dedon.com**

Pacha Mama

에스닉한 데커레이션을 참조할 수 있는 사이트 **www.pacha-mama.net**

IDEE

일본 가구 브랜드로 데커레이션의 실례를 찾아볼 수 있는 곳. **www.idee.co.jp**

Bruhl

유니크한 기능의 소파 브랜드로 아방가르드한 연출 장면이 인상적인 곳
www.us.kohler.com

TAD

에스닉 모던 스타일의 데커레이션을 참조할 수 있는 사이트 **www.taditaly.com**

Sedec

국내 토털 인테리어 브랜드로 'Designers Guild' 'Osborne and Little', 'Arte' 등 외국의 유명 브랜드와 링크되어 있다. **www.sedec.co.kr**

패브릭 · 토털 홈

Kravet

미국의 대표적인 패브릭 브랜드로 최근 데커레이션 경향을 파악할 수 있다. **www.kravet.com**

West Elm

'William Sonoma'에서 만든 라이프스타일 브랜드로 에스닉한 성향이 가미된 생활용품을 볼 수 있다. **www.westelm.com**

Ralp Lauren Home

패션 브랜드인 랄프 로렌에서 아메리칸 라이프 스타일을 보여주는 사이트 **www.rlhome.polo.com**

Benjamin Moor

페인트의 트렌드를 이끌어가는 브랜드로 잡지 《COLOR》를 발행하기도 한다. 홈페이지에서 'COLOR'를 들어가면 페인트로 제안하는 유행 콘셉트를 볼 수 있다. **www.benjaminmoore.com**

Pottery Barn

우리나라에서도 잘 알려진 브랜드로 미국의 전형적인 가정에서 많이 쓰는 제품들이 모여 있다. 나는 특히 이곳에서 출간한 여러 권의 화보집을 자주 보는 편이다. 제목도 각각 'Pottery Barn Kitchen', 'Pottery Barn Living Room' 등 스타일리시한 데커레이션을 공간별로 출간되어 있다. **www.potterybarn.com**

Conran

감각적이면서도 대중적인 영국의 대표적인 브랜드로 라이프스타일의 새로운 트렌드를 선도하는 곳 **www.conran.com**

Crate & Barrel

미국의 가장 대중적인 라이프스타일 브랜드 **www.crateandbarrel.com**

CB2

Crate & Barrel에서 론칭한 세컨드 브랜드로 좀 더 젊은 감각의
라이프 데커레이션 용품을 볼 수 있다. **www.cb2.com**

Room & Board

전형적인 모던 아메리칸 스타일의 가구 브랜드 **www.roomandboard.com**

Restoration Hardware

모던한 감각의 가구와 감각적인 인테리어용품을 취급하는 브랜드.
색상을 중요시하여 매장 안에 컬러 샘플을 비치해 두고 있다.
www.restorationhardware.com

Sentou

유럽의 유명 디자이너들의 감각적인 가구와 데커레이션을 전시 판매하는 곳
www.sentou.fr

Lene BJERRE

패브릭과 부엌용품 브랜드로 사이트에서 카탈로그를 한 장씩 넘기다 보면
최근 트렌드를 볼 수 있다. **www.lenebjerre.dk**

폭넓은 시각을 안겨주는 세계의 인테리어 전시회

일 년에 두 번 전 세계에서 가장 감각적인 브랜드들이 새로운 트렌드를 보여주는 전시회가 프랑스 파리에서 열린다.

'전망좋은 방'을 론칭하던 시절 1992년부터 연간 1~2회 이런 종류의 전시회를 참관하러 갔는데 그때마다 항상 새로운 멤버들과 함께 가게 되었다. 특히 라이프스타일 일과 관련해 강의를 시작한 이후로는 수강생들이나 함께 일하는 후배들이 이 전시회 여행에 동참하곤 한다. 이때 나는 단지 전시회만 보는 것으로 그치지 않고 그와 관련된 폭넓은 프로그램을 짜왔다. 나는 그들에

게 수준 높은 라이프스타일을 보여주기 위해서 전시회보다 더 많은 시간을 할애했다.

우선 파리에서는 이틀 동안 전시회를 둘러본 다음 인테리어나 정원, 또는 데커레이션이 훌륭한 호텔이나 레스토랑, 숍들을 찾아다니며, 저녁때가 되면 그중 여러모로 도움이 되는 한 군데에서 분위기 있는 식사를 즐긴다. 그리고 교외로도 시야를 돌려 때로는 예술가의 집이나 고성들을 돌아보면서 좀 더 깊이 있는 것을 보도록 한다.

그리고 한 도시나 한 나라를 더 들르곤 하는데 그때그때 트렌드의 중심이 되는 도시들을 골라서 간다. 스페인의 바르셀로나, 체코의 프라하, 이탈리아의 피렌체, 모로코의 마라케시 등이 그런 도시들이었다. 가는 도시마다 연주회나 오페라, 뮤지컬들을 시간 맞춰 보는 것도 좋은 추억 중 하나이며, 문화를 읽는 좋은 기회가 되었다. 이렇게 열흘 정도 여러 곳을 다니며 보여주고 나면 대부분 행복해한다.

나의 수강생들 중에는 아이를 키우는 엄마들이 많다. 아이가 예술 계통이나 디자인 계통을 전공한다고 하면 나는 방학 때 시간을 내서 이런 전시회를 한번 꼭 보여주기를 권한다. 물론 공부 때문에 할 수 없다고 하는 경우가 대부분이지만 아이에게 예술이나 디자인 세계가 얼마나 폭넓고 흥미로운지 보여줄 수 있다면 저절로 동기 부여가 될 텐데 하는 아쉬운 생각이 들어 안타깝기까지 하다.

정보는 좀 더 차원이 높은 것으로, 앞서가는 것으로, 감각이 좋은 것으로 찾아서 보기를 권한다. 그리고 그것을 바탕으로 자기만의 분위기를 만들어 내면 된다.

해외 유명 데커레이션 전시회

메종 앤 오브제

매년 2월, 9월 프랑스 파리. 감각적인 인테리어 데커레이션의 트렌드를 볼 수 있는 전시회로 디자이너들이 가장 많이 참관하는 전시회이다. **www.maison-objet.com**

암비엔테

매년 2월 독일 프랑크푸르트. 라이프스타일 전반에 걸친 생활용품의 트렌드를 제안하는 전시회로 전 세계의 바이어들이 참관한다. **www.ambiente.messefrankfurt.com**

텐덴스

매년 9월 독일 프랑크푸르트. 암비엔테와 같은 성격의 전시회로 매년 가을에 열린다. **www.tendence-lifestyle.messefrankfurt.com**

크리스마스월드

매년 1월 독일 프랑크푸르트. 크리스마스 트렌드를 제안하는 전시회로 그 해의 크리스마스 장식의 경향을 읽을 수 있다. **www.christmasworld.messefrankfurt.com**

밀라노 가구 전시회

매년 4월 이탈리아 밀라노에서 열리는 가구 전시회로 홈페이지에서 전시회 자료가 자세히 정리되어 있어 최신 가구 트렌드를 한눈에 볼 수 있다. **www.designws.com**

epilogue

행복한 집에서 살고 싶다

이 책이 나올 즈음에 우리 가족은 각기 다른 곳에서 생활하고 있을 것이다. 세 식구가 행복한 시간을 함께 보내던 그 집은 이제 우리에게 없다. 남편은 부산에서 회사생활을 하고 있고, 아들은 미국 서부에 유학을 가 있고, 서울에 혼자 남아 열심히 일하던 나는 1년간의 휴가를 얻어 집을 떠나 뉴욕에 머물고 있다.

내 나이 마흔일곱에 찾아온 혼자만의 시간은 값지고도 고마운 선물이다. 일과 가정이라는 일상은 잠시 미루어둔 채로 나는 새로운 환경에서 새로운 경험을 만끽하고 있다. 거리와 골목 여기저기를 마냥 걷기도 하고, 새로 문을 연 스타일리시한 카페와 식당도 찾아보면서 이렇게 이곳에서 사계절을 보내게 될 것이다.

아마도 한국으로 돌아갈 때는 서울에서 조금 떨어진 곳에 우리 가족의 새 집을 짓게 될 것이다. 남편은 마음껏 음악을 들을 수 있는 오디오 룸과 사진 작업을 할 수 있는 작은 스튜디오를, 나는 편안한 마음으로 일할 수 있는 인테리어 작업 공간을 갖게 될 것이다. 그리고 아들이 공부를 마치고 돌아오면 우리는 또 함께 모여 살며 좋은 일, 궂은일을 함께 겪으며 하루하루를 보내게 될 것이다.

이 책에는 'HOUSE' 로서의 집이 아닌 'HOME' 으로서의 집 이야기를 담고 싶었다. 한 집에 함께 사는 사람들의 개성과 취향과 관계가 묻어나는 그런 집에 관한 이야기를 쓰고 싶었다. 크고 멋진 집이 반드시 행복을 보장하지는 않는다. 작고 소박한 집에 가족들의 다정한 대화가 끊이지 않는다면, 이곳이 세상에서 가장 행복한 집이다. 나는 큰 집보다는 행복한 집에서 살고 싶은 그냥 보통 여자일 뿐이다. 집이 누구에게나 행복한 공간이 되기를 소망한다. 이 책은 그런 작은 소망의 시작인 것이다.

책을 쓰면서 가족 생각을 참 많이 했다. 돌아가신 친정어머니와 언제나 나의 든든한 후원자이신 시어머니에게 특히 감사드린다. 더불어 우리 집 사진을 찍어 준 남편과 글을 쓸 수 있도록 용기를 준 많은 친구들에게도 고마운 마음을 전한다.

뉴욕에서 권은순

호텔 사진 협찬

그래머시 파크 호텔Gramercy Park p48 ①
리츠칼튼 호텔 배터리바트Ritz-Carlton p135 ⑤, p140 ③
빌라 피티아나 호텔Villa Pitiana p51 ③, p135 ①, p140 ④
샌더슨 호텔Sanderson p15 ①과 ②, p47
샤또 위제 호텔Chateau-uzer p26 ①, p39 ①과 ③, p48 ③, p65 ②, p135 ②, p140 ①과 ②
세인트 마틴스 레인 호텔Saint Matins Lane p32 윗줄 두 번째 사진
퍼싱홀 호텔Pershing Hall p135 ③과 ④
플라자 아테네 호텔Plaza Athenee p57 ①
허드슨 호텔Hudson p15 ③, p48 ②, p87, p121

기타 사진 협찬

DK홈DKhome p51 ①과 ②
어글리홈ugly-home p28
카림라시드 아파트먼트Karim Rashid p60 ①, p61, p65 ③, p196, p197
까사리빙 자료실 『신혼살림』(시공사) p118, p123, p127